工 程 与 材 料 系 列 丛 书

金刚石的烧结

洪时明　王红艳　罗建太

编著

四川大学出版社
SICHUAN UNIVERSITY PRESS

图书在版编目（CIP）数据

金刚石的烧结 / 洪时明，王红艳，罗建太编著 . —
成都：四川大学出版社，2023.7
（工程与材料系列丛书）
ISBN 978-7-5690-6424-7

Ⅰ . ①金… Ⅱ . ①洪… ②王… ③罗… Ⅲ . ①金刚石
—烧结 Ⅳ . ① TQ164.8

中国国家版本馆 CIP 数据核字 (2023) 第 197208 号

书　　名：金刚石的烧结
　　　　　Jingangshi de Shaojie
编　　著：洪时明　王红艳　罗建太
丛 书 名：工程与材料系列丛书

丛书策划：蒋　玙
选题策划：蒋　玙　张　晶
责任编辑：蒋　玙
责任校对：胡晓燕
装帧设计：墨创文化
责任印制：王　炜

出版发行：四川大学出版社有限责任公司
　　　　　地址：成都市一环路南一段 24 号（610065）
　　　　　电话：(028) 85408311（发行部）、85400276（总编室）
　　　　　电子邮箱：scupress@vip.163.com
　　　　　网址：https://press.scu.edu.cn
印前制作：四川胜翔数码印务设计有限公司
印刷装订：成都新恒川印务有限公司

成品尺寸：170mm×240mm
印　　张：9.75
字　　数：184 千字

版　　次：2023 年 10 月 第 1 版
印　　次：2023 年 10 月 第 1 次印刷
定　　价：58.00 元

扫码获取数字资源

四川大学出版社
微信公众号

前　言

多晶金刚石烧结体是一类无机非金属超硬材料,在机械加工、地质钻探、石油开采、建筑工程等领域得到广泛应用。近年来,对这类材料的研究取得了许多重要进展,这类材料成为材料科学前沿备受关注的领域,期待作为新型功能材料在高技术领域发挥更大作用。由于这类烧结体的合成方法繁多、影响因素复杂等,与大量技术专利相比,公开发表的相关研究论文不多,也缺乏具有针对性的专业书籍。

本书主要介绍作者对金刚石液相烧结过程及其机理方面的研究,这些工作立足目前工业通用高压设备条件范围,属于应用基础研究范畴。第1~3章介绍基本知识和方法。第4~7章讲述液相金属与金刚石共存体系中发生的主要物理过程,包括金属助剂在金刚石晶粒间的溶浸行为、溶媒作用下金刚石晶粒的溶解—再结晶行为、金刚石的异常粒成长及其影响因素、亚微米级金刚石烧结体的合成。第8章介绍高耐热性金刚石复合烧结体的合成,属于固相反应烧结。第9章是以上内容的延伸,介绍溶媒中SiC分解生成金刚石的研究,属于高压下化学反应问题。希望这些内容能为读者提供一些适用的参考。

作者曾先后得到四川省科技厅重点项目、国家教委留学回国基金项目、国家自然科学基金面上项目、西南交通大学中央高校基本科研业务费项目的支持。实验室建设得到四川大学、中国工程物理研究院和西南交通大学的大力支持。本书的研究工作,曾得到已故前辈苟清泉教授的关心和鼓励,并得到赤石實博士、若槻雅男教授、山冈信夫博士、神田久生博士、福长修教授等日本科学家的指导和帮助,还得到李伟、贾晓鹏、王裕昌、罗湘捷、陈树鑫、王永国、曹国英、彭放、寇自力、吕智、罗伯成、刘小平、姜仁柱、苟立、贺端威等专家学者多方面的协助和支持。罗永田博士、王文丹博士、唐曼博士等在文献检索方面，胡云博士、邢庭和高级工程师在图片扫描等方面都给予了热情的帮助。本书的工作还得到西南交通大学谭建鑫、王平两位教授的大力支持。

在此，作者表示诚挚的感谢。

因作者水平有限，书中难免存在疏漏，望读者不吝指正。

作　者

2023 年 1 月 18 日

目 录

第1章 引 言

1.1 金刚石及其多晶烧结体

金刚石是单纯由碳原子组成的晶体，常见的结构为立方晶体结构。在金刚石中每个碳原子都与最相邻的四个碳原子以共价键（sp^{3}杂化轨道）结合，这种共价键结合具有很强的方向性，即处于正四面体中心的碳原子与处于四个顶角的碳原子形成共价键的关系。与具有同样晶体结构的硅和锗相比，金刚石的原子间距离最短，原子间结合力最强，单位体积的结合能超过地球上其他物质。因此，金刚石具有已知矿物中最高的硬度和耐磨性[1,2]。

由于碳原子的质量小，原子间结合力强，因此，金刚石的晶格振动频率高、声子能量高、德拜温度高。这就使金刚石具有很小的热膨胀率和很高的热传导率等优异的热学性能，金刚石在常温下具有所有物质中最高的热传导率[3]。此外，金刚石还具有从红外光到可见光范围的高透光性和高折射率。

金刚石单晶具有力学、热学和光学等方面的优异性能，使其得到许多特殊应用，如精密加工硬质材料的刀具、光学窗口、超高压实验的压砧、大功率固体激光元件等电子器件的散热片。

尽管如此，金刚石单晶的硬度和耐磨性等都随晶面方向不同而有差异，故存在相对容易被分裂的解理面，这种力学性质各向异性的特点是由金刚石晶体结构本身具有的方向性赋予的。因金刚石晶体中碳原子特定的空间位置，在不同晶面方向上碳原子的分布、密度以及原子间结合力等都有所不同，这些不同带来了硬度和耐磨性等性能在不同晶面方向上的差别[3]。假设有一个平行于金刚石某一晶面的平面贯穿晶体，那么单位面积截得的碳原子间共价键数在不同晶面方向上是不同的。其中，单位面积截得的碳原子间共价键数最少的方向是

1

{111} 面，于是在这个方向上金刚石晶体最容易被分裂[1,2]。因此，当利用金刚石单晶的力学性质时，如果各方向受力不均，金刚石就很容易破碎，这就是金刚石的"脆性"。除了金刚石晶体在力学上各向异性及与此相关的脆性，金刚石单晶的成本高，体积大小有限，使其在作为超硬材料等方面的应用上受到许多限制。

人们很早就发现，自然界中存在由细小颗粒聚积起来形成的金刚石多晶体，如被取名为"卡巴纳多""巴拉斯"的金刚石多晶体矿物[4,5]。这些多晶体中微粒解理面不会扩展，在整体力学性质上具有各向均匀性，是适宜在严苛条件下使用的超硬工具材料。但是，这种金刚石多晶体在自然界中产量很少，且因产地不同而在性质和纯度等方面存在差异，加之每一块多晶体的形状各不相同，又难以加工，这些问题都使之在工业上难以被广泛使用[6]。

那么，能否用人工合成的方法制取金刚石多晶体呢？实际上，从 20 世纪 60 年代开始，继人工合成金刚石单晶成功以后，人类就开始探索利用静高压技术合成金刚石多晶体（Polycrystalline Diamond Compact，PDC），以求制备既能保持金刚石优越物理性质又能克服单晶缺点的多晶体材料。

本质上讲，理想化的金刚石多晶体应当具有两方面特征：一方面，要尽可能克服金刚石单晶各向异性的缺点，这就要求多晶体的粒度尽可能细；另一方面，由于晶粒越细，其晶界面积越大，为了保持金刚石单晶优越的物理性能，要求晶界中杂质尽可能少，晶粒间直接结合（Direct bonding between particles），或称"D—D结合"（Diamond—Diamond bonding）尽可能多。

按照传统陶瓷材料的制备原理，要合成像天然金刚石多晶体那样的材料，可以采用固相烧结的方法将金刚石的细小晶粒烧结（Sintering）起来。对于传统的氧化物等陶瓷材料，固相烧结条件一般需要在其熔点 2/3 以上的温度。金刚石的熔点在 4000K 以上，因此，其固相烧结温度至少需要在 2700K 以上。要想在如此之高的温度条件下防止金刚石发生石墨化转变，必须施加相当高的压力。不仅如此，与一般氧化物相比，金刚石这种具有典型共价键的固体在烧结过程中物质扩散更难进行，其烧结温度还需要更高。这样高的条件对于具有相应样品体积的高压设备是非常困难的[1]。

于是，金刚石烧结体通过添加其他物质作为烧结助剂来实现。如何在处于金刚石热力学稳定区的高温高压条件下制备出纯度更高、强度更高、物理性能更优异的金刚石多晶体，科学家进行了持续探索。近几十年来，随着高压设备性能的逐步提升，已取得了丰富的研究成果。

1.2 高压合成金刚石多晶体研究的历史和现状

人工合成金刚石多晶体的研究始于 20 世纪 60 年代后期,在美国和苏联最早开始[7-9]。研究者曾做过一些关于金刚石固相烧结的探索,但实验条件要求极其苛刻,很长时期内在金刚石固相烧结方面难以取得进展[10,11]。

Stromberg 和 Stephens[10]、Hall[11] 等曾报道,在金刚石粉料中添加 B、Si、Be 等非金属物质,高压高温条件下烧结,获得的烧结体中生成了硼化物、碳化物、氮化物和氧化物。沈主同等[12]在金刚石粉中添加少量 Ti-Si 或 Ti-B 进行高压高温烧结,回收的样品中检测到除金刚石外,还有 TiC、SiC 等生成物,在添加 B 的样品中也发现了类似情况。对这类体系的烧结行为,吕智[13]、王德新等[14]也有过进一步研究。这类金刚石烧结体中碳与添加物反应生成一些中间化合物存留于金刚石晶粒之间,称为黏结剂,虽然这种体系可以成为具有较高硬度和耐磨性的块体材料,却不利于在金刚石晶粒间普遍形成直接的 D-D 结合,难以发挥更优越的性能。后来,Naka 等[15]尝试以石墨为出发原料,添加触媒合金合成金刚石多晶体,但这种方法存在金刚石粒度难控制、难以形成晶粒间直接结合等问题。

为了与无添加金刚石的固相烧结法区别,通常把体系中有添加物并发生化学反应或在触媒作用下发生相变的方法统归为反应烧结法,这些方法的特征是烧结后有不同于原料的反应生成物或新相产生。

与上述固相烧结法和反应烧结法不同,Katzman 和 Libby[16]报道了把金刚石微粉与合成金刚石用的触媒金属 Co 相混合,在金刚石热力学稳定区的高压高温条件下,金属 Co 熔化成液态溶剂,渗透到金刚石晶粒之间,通过对金刚石表面的溶解和再析出过程促使金刚石晶粒彼此连接在一起。这类添加物的作用不再只是黏结,而是帮助晶粒间形成直接结合,因此,这类添加物称为烧结助剂,这种方法则称为液相烧结法。研究者报道,这样制备出的多晶体中,金刚石晶粒有长大并形成晶粒间连接,用这种烧结体做成的砂轮修正器的使用寿命达到天然金刚石修正器的一半左右。

20 世纪 70 年代以来,在工业上得到最广泛应用的金刚石烧结体合成方法是由美国通用电气公司的 Wentorf 等[1,17,18]开发成功的。这种方法是将无添加的金刚石粉层与含钴的碳化钨基底叠层组装在一起,在金刚石热力学稳定区的高压高温条件下，使金刚石和基底同时烧结。在这种过程中，基底中的 Co 熔化后能渗透到金刚石晶粒之间的空隙中去，有助于在晶粒间较多地形成 D—D 结合。采用此方法制造的产品名为 Compax，我国称之为"复合片"。这种以硬质合金基底为支撑的金刚石复合片大幅扩展了金刚石烧结体制品的体积，大大推进了这类材料的应用。至今，用这种方法烧结的金刚石多晶体材料被广泛用在地质钻头、切削刀具、拉丝模和精密轴承等方面。

Akaishi 等[19,20]对金刚石加 Co 体系的烧结过程进行了一些基础性研究提出，高温下金刚石晶粒表面石墨化能促进 Co 的渗透，如果以金刚石加石墨作为出发原料，则 Co 在溶浸过程中可以使金刚石粒间的石墨转变成新的金刚石组织，从而帮助 D—D 结合。冯时雍、张兴栋等[21,22]也开展过类似体系中金刚石表面石墨化及其作用的研究。

为了在金刚石烧结体中形成尽可能多的 D—D 结合，Akaishi 等[23,24]还在低金属含量的金刚石烧结体合成方面进行了尝试。他们把 Co 或 Ni 的含量降低到只有 1~5vol%，在 7.7GPa 和 2000℃ 条件下烧结后，得到具有高电阻和高硬度的金刚石烧结体。并认为随着烧结体中金属含量减少，金属在烧结体中逐渐变成不连续分布，与此同时，金刚石晶粒间接触面增大，有利于形成更多的 D—D 结合。另外，实验结果还显示，Co 等金属助剂的含量越少，烧结所需压力和温度就越高。金属含量的减少与烧结条件的提高密切相关，即在当时的大腔体高压装置上很难实现更高纯度的多晶金刚石烧结体。

20 世纪 90 年代以来，Akaishi 等[25,26]发现了一系列非金属物质可以作为高压合成金刚石的触媒。与此同时，他们还试验用这些非金属触媒作为烧结助剂来制备多晶金刚石烧结体。为了避免人工合成的金刚石中可能包裹少量金属触媒而带来影响，他们采用高纯度天然金刚石粉作为出发原料，添加一定量的 $CaCO_3$ 或 $MgCO_3$ 等，在 7.7GPa 和 2200℃ 下烧结，得到了结构致密且具有高硬度和高耐热性的金刚石多晶体[27,28]。关于这种新的烧结方法的机理，尚没有详细报告，但烧结前后成分分析结果表明，烧结后并没有除金刚石和添加物质外的新物质或新相生成，因此可认为仍属于液相烧结范畴。

20 世纪 80 年代以来，气相合成金刚石的方法迅速发展，为金刚石多晶材料的制备开辟了新的途径[29]。人们用这类方法制备出纯度高、面积达 10 平方英寸（1 英寸≈2.54 厘米）以上的金刚石多晶薄膜或厚膜，以及不同形状的金刚石多晶制品。这类多晶体既能作为工具材料，又能作为功能材料。由于气相合成是在金刚石热力学非稳定区条件下进行的，在如何提高沉积速度、多晶体致密度、晶粒间结合强度等方面存在许多特殊问题，完全不同于在热力学稳定区进行的金刚石烧结。关于气相合成金刚石多晶体的研究已有相当多的论文和专著发表[29-32]。

2003 年，Irifune 等[33,34]利用 6-8 式高压装置，在 2300~2500℃和 12~25GPa 的高温高压条件下进行新的探索，通过高纯石墨原料的直接转变，合成了大块高纯度纳米金刚石多晶聚结体（Nano-Polycrystalline Diamond，NPD）。这种材料显示出很高的硬度、耐热性和透明性，可作为加工陶瓷材料的精密刀具等，并作为"三级压砧"用在新型高压装置上，能产生更高压力。

2013 年，贺端威等[35,36]在铰链式六面顶压机驱动 6-8 式高压装置上，对几种不同碳素材料合成金刚石多晶体进行了实验研究，在 16GPa 和 2500℃条件下，采用非晶态石墨为原料合成毫米级高硬度且透明的金刚石多晶体。

近年来，田永君等[37-40]对高温高压下石墨等直接转变为金刚石多晶体的微观结构及其性能的关系开展了一系列深入研究。2014 年，他们在 20GPa 和 2000℃条件下合成具有纳米孪晶结构的多晶金刚石块体（Nano-Twinned Diamond，NTD）。其具有远高于金刚石单晶的硬度，以及很高的韧性和热稳定性。在此基础上，建立了共价晶体硬度的微观模型，在同时提高金刚石材料韧性和硬度方面取得了突破，为 NPD 晶粒间结合的评价提供了科学依据，实现了超硬材料设计的定量化。这些研究工作对超高性能金刚石多晶材料的发展具有重要意义。

需要说明的是，无论是气相合成金刚石多晶体，还是在更高压力、温度条件下通过石墨等直接转变合成纳米金刚石多晶体，其基本原理都与传统的金刚石烧结有很大不同。因为在这些方法中，出发原料都不再是金刚石。前者是化学反应过程，而后者主要是相变过程。尽管在更广意义上，通过化学反应或相变合成多晶体的方法仍可归结为反应烧结这一大类，但这些研究更加侧重于转变过程，而不是传统意义上的"烧结"过程。

另外，大腔体二级加压 6-8 式高压装置的实现，也重新激起对无添加金刚石晶粒体系烧结行为的研究。例如，2016 年，王明智等[21]采用真空退火纳米金刚石为原料，在 10GPa 和 1800℃条件下合成高硬度、高纯度的 NPD。2017 年，寇自力等[22]采用 0.5μm 金刚石微粉作为初始材料，在 14GPa 和 2000℃条件下直接烧结合成具有孪晶结构的高硬度、高纯度亚微米金刚石多晶体。2018 年，贺端威等[43]在 6~16GPa 和 1000~2000℃条件下，采用平均粒度为 10μm 的金刚石粉末为初始原料，探索了金刚石晶粒的加工硬化与烧结机理，制备出厘米级高硬度无黏结剂微米晶金刚石多晶体。此外，2020 年，王文丹等[44]还在 6.5~10.5GPa 和 1850℃高压高温条件下，对添加少量非金属溶媒 Se 的金刚石微粉体系的烧结行为进行了实验研究，合成高硬度金刚石多晶体，发现体系中生成了新的 Se—C 化合物。值得注意的是，这些方法都是以金刚石为出发原料，其合成原理分别属于固相烧结或反应烧结。尽管如此，用这些方法合成金刚石多晶体的条件仍然高于目前工业上通用设备的温度、压力范围。

事实上，与这些引人注目的前沿进展相比，传统的金刚石多晶烧结方法在工业制造领域仍然占据最大比例。随着工业技术的进步和对金刚石多晶烧结产品需求面的扩大，针对各种应用目的，有关多晶金刚石烧结体制备方法的发明大量涌现，关于多晶金刚石烧结体的技术专利越来越多。同时，产品的质量和性能也有大幅提升。由于方法繁多，影响烧结过程的因素各有不同，加之难以实现高温高压下的直接观察等，有关金刚石烧结机理的研究文献相对较少，仍有一些基本规律需要厘清，一些基础问题需要证实。深入探讨与传统金刚石多晶烧结过程相关的科学问题，对于进一步提高工业烧结技术、开发更高性能的新产品，仍然具有重要意义。

1.3　研究目的与内容

为了合成粒度尽可能小、晶粒间直接结合尽可能多的高性能多晶金刚石烧结体，需要对金刚石烧结的基本过程进行研究和剖析。著者针对目前金刚石烧结体合成中广泛采用的液相烧结方法，进行了一系列实验研究，这些工作属于应用基础研究性质，希望能为从事应用开发的研究者提供依据或参考。

实验中尽量采用工业生产通用的几种静高压设备，设计几种尽可能单纯的物质体系，对金刚石烧结的基本过程进行模拟、比较和分析，力求找出金刚石烧结过程的主要规律，并提出机理；在这些实验研究的基础上，进一步合成亚微米级多晶金刚石烧结体、耐高温金刚石烧结体等具有优异性能的材料。

关于基本烧结过程的研究主要分为三条途径：熔融金属在金刚石粉粒间溶浸行为的研究，金刚石晶粒在熔融金属中溶解—再析出行为的研究，金刚石晶粒异常粒成长及其影响因素的研究。通过这些模拟实验，基本弄清了细粒度金刚石烧结体制备的主要难点。针对阻碍熔融金属在金刚石微粉中均匀溶浸的原因、影响金刚石微粒之间直接结合形成的原因，以及异常粒成长的原因等，采用几种对策，取得了明显效果，成功地合成亚微米级（粒度在 $0.5\mu m$ 以下）

均匀且具有高硬度的多晶金刚石烧结体及耐高温的多晶金刚石烧结体。

参考文献

[1] Wentorf R H, DeVries R C, Bundy F P. Sintered Superhard Materials [J]. Science, 1980 (208): 873—880.

[2] Collins Alan T. 金刚石的物理性质 [J]. 新金刚石（日），1987，3 (2): 22.

[3] 砂川一郎. 金刚石的科学 [J]. 新金刚石（日），1986，2 (3): 6.

[4] Trueb L F, Wys E C. Carbonado: natural polycrystalline diamond [J]. Science, 1969 (165): 799—802.

[5] DeVries R C, Robertson C. The microstructure of ballas (polycrystalline diamond) by electrostatic charging in the SEM [J]. Journal of Materials Science Letters, 1985 (4): 805—807.

[6] 赤石實. 人造金刚石技术手册（Ⅰ）[M]. 东京：科学论坛，1989.

[7] Bovenkerk H P, Bundy F P, Hall H T, et al. Preparation of diamond [J]. Nature, 1959 (184): 1094—1098.

[8] Kalashnikov Y A, Vereshchagin L F, Feklichev E M, et al. Production of artificial "ballas" type diamonds [J]. Solvent Physics—Doklady, 1967, 12 (1): 40—41.

[9] Vereshchagin L F, Yakovlev E N, Varfolomeeva T D, et al. Synthesis of diamond of the "carbonado" type [J]. Solvent Physics — Doklady, 1969, 14 (3): 248—249.

[10] Stromberg H D, Stephens D R. Sintering of diamond at $1800^{\circ}\text{C} \sim 1900^{\circ}\text{C}$ and $60 \sim 65$ kbar [J]. American Ceramic Society Bulletin, 1970, 49 (12): 1030—1032.

[11] Hall H. Sintered diamond: a synthetic carbonado [J]. Science, 1970 (169): 868—869.

[12] 沈主同，王莉君，杨奕娟，等. 高压下多晶体金刚石的烧结机制：二元掺杂物和金刚石的相互作用 [J]. 物理学报，1978，27 (3): 344—348.

[13] 吕智，戴玉芝. 高压合成金刚石聚晶的耐磨性与其所含金刚石粒度的关

系 [J]. 高压物理学报，1988 (2)：85－88.

[14] 王德新，焦庆余，王福泉，等. 真空净化处理对掺杂烧结型金刚石聚晶耐磨性的影响 [J]. 高压物理学报，1989 (3)：315－320.

[15] Naka S, Itoh H, Tsutsuki T. Reaction sintering of diamond using a binary solvent－catalyst of the Fe－Ti system [J]. Journal of Materials Science，1987 (22)：1753.

[16] Katzuman H, Libby W F. Sintered diamond compacts with a cobalt binder [J]. Science，1971 (172)：1132－1134.

[17] Wentorf R H, Rocco W A. Diamond tools for machining [P]. U. S.：3745623，1973－7－17.

[18] Wentorf R H, Rocco W A. Cubic Boron Nitride/Sintered Carbide Abrasive Bodes [P]. U. S.：3767371，1973－10－23.

[19] Akaishi M, Kanda H, Sato Y, et al. Sintering behaviour of the diamond－cobalt system at high temperature and pressure [J]. Journal of Materials Science，1982 (17)：193.

[20] Akaishi M, Sato Y, Setaka N, et al. Effect of additive graphite on sintering of diamond [J]. American Ceramic Society Bulletin，1983，62 (6)：689.

[21] 冯时雍，邱淑蓁，李伯勋. 多晶烧结过程中金刚石表面石墨化研究 [J]. 人工晶体学报，1987 (3)：56－60.

[22] 张兴栋，彭应聪，邱淑蓁，等. 多晶金刚石烧结中晶粒表面石墨化的实验研究 [J]. 高压物理学报，1989 (3)：125－131.

[23] Akaishi M, Yamaoka S, Tanaka J, et al. Synthesis of sintered diamond with a high electrical resistivity and high hardness [J]. Materials Science and Engineering，1988 (105/106)：517.

[24] Akaishi M, Yamaoka S, Tanaka J, et al. Synthesis of sintered diamond with high electrical resistivity and hardness [J]. Journal of the American Ceramic Society，1987，70 (10)：237－239.

[25] Akaishi M, Kanda H, Yamaoka S. Synthesis of diamond from graphite－carbonate system under very high temperature and pressure [J]. Journal of Crystal Growth，1990 (104)：578.

[26] Akaishi M. New non－metallic catalysts for the synthesis of high pressure, high temperature diamond [J]. Diamond and related Materials，1993 (2)：184.

［27］ Akaishi M，Yamaoka S，Ueda F，et al. Synthesis of polycrystalline diamond compact with magnesium carbonate and its physical properties ［J］. Diamond and Related Materials，1996（5）：2—7.

［28］ Akaishi M and Yamaoka S，Physical and chemical properties of the heat resistant diamond compacts from diamond—magnesium carbonate system ［J］. Materials Science and Engineering，1996（A209）：54—59.

［29］ 瀬高信雄，難波義捷，松永正久，等. 人造金刚石技术手册（Ⅱ）［M］. 东京：科学论坛，1989：124—288.

［30］ Lu F X，Past，present，and the future of the research and commercialization of CVD diamond in China ［J］. Functional Diamond，2022，2（1）：119—141.

［31］ Cao W，Ma Z B，Gao D，et al. Homoepitaxial lateral growth of single—crystal diamond with eliminating PCD rim and enlarging surface area ［J］. Vacuum，2022（197）：110820.

［32］ 李成明，任飞桐，邵思武，等. 化学气相沉积（CVD）金刚石研究现状和发展趋势 ［J］. 人工晶体学报，2022，51（5）：759—780.

［33］ Irifune T，Kurio A，Sakamoto S，et al. Ultrahard polycrystalline diamond from graphite ［J］. Nature，2003（421）：599—600.

［34］ Irifune T，Kunimoto T，Shinmei T，et al. High pressure generation in Kawai—type multianvil apparatus using nano-polycrystalline diamond anvils ［J］. Comptes Rendus Geoscience，2019，351（2—3）：260—268.

［35］ Xu C，He D，Wang H，et al. Nano—polycrystalline diamond formation under ultra-high pressure ［J］. International Journal of Refractory Metals & Hard Materials，2013（36）：232—237.

［36］ Xu C，He D，Wang H，et al. Synthesis of novel superhard materials under ultrahigh pressure ［J］. Chinese Science Bulletin，2014（59）：5251—5257.

［37］ Huang Q，Yu D L，Xu B，et al. Nanotwinned diamond with unprecedented hardness and stability ［J］. Nature，2014（510）：250—253.

［38］ Xiao J W，Yang H Z，Wu X Z，et al. Dislocation behaviors in nanotwinned diamond ［J］. Science Advances，2018，4（9）：8195.

［39］ Nie A M，Bu Y Q，Huang J Q，et al. Direct observation of room—temperature dislocation plasticity in diamond ［J］. Matter，2020，2（5）：

1222—1232.

[40] Yue Y H, Gao Y F, Hu W T, et al. Hierarchically structured diamond composite with exceptional toughness [J]. Nature, 2020 (582): 370—374.

[41] Tang H, Wang M, He D, et al. Synthesis of nano—polycrystalline diamond in proximity to industrial conditions [J]. Carbon, 2016 (108): 1—6.

[42] Lu J, Kou Z, Liu T, et al. Submicron binderless polycrystalline diamond sintering under ultra—high pressure [J]. Diamond & Related Materials, 2017 (77): 41—45.

[43] Liu J, Zhan G D, Wang Q, et al. Superstrong micro—grained polycrystalline diamond compact through work hardening under high pressure [J]. Applied Physics Letters, 2018, 112 (6): 061901 (1—5).

[44] Wang W D, Li A, Xu G H, et al. Synthesis of polycrystalline diamond compact with selenium: discovery of a new Se—C compound [J]. Chinese Physics Letters, 2020, 37 (5): 058101.

第 2 章　金刚石烧结的基本条件

2.1　金刚石的热力学稳定区

要使分散的金刚石晶粒通过烧结相互连接成为多晶体，需要考察一些基本条件。首先，原料金刚石整体在烧结过程中应作为稳定相存在，这就要求体系所经历的压力和温度条件始终处于金刚石相的热力学稳定区。

根据热力学第二定律，如果一个孤立系的变动使其达到了熵值极大的状态，该体系就达到了平衡态。对于单元复相系的平衡，有三种等价的热力学判据：熵判据、自由能判据和吉布斯函数判据[1]。其中，吉布斯函数判据表述为：系统在温度和压力不变的情况下，对于各种可能的变动，平衡态的吉布斯函数最小。在静高压条件下，金刚石的烧结过程可以看成等温过程，应用这种判据比较方便。

吉布斯函数表示为：

$$G = U - TS + pV$$

每摩尔物质的吉布斯函数即化学势表示为：

$$\mu = G/N = u - Ts + pv = h - Ts$$

式中，h 为焓，小写为每摩尔的函数。

设 A 相的化学式为 $\mu^{A}(p, T)$，B 相的化学式为 $\mu^{B}(p, T)$，两相的化学式之差为 $\Delta\mu(p, T) = \mu^{A}(p, T) - \mu^{B}(p, T)$。根据吉布斯函数判据可知：当 $\Delta\mu < 0$，即 $\mu^{A}(p, T) < \mu^{B}(p, T)$ 时，A 相稳定；反之，当 $\Delta\mu > 0$ 时，B 相稳定；当 $\Delta\mu = 0$，即 $\mu^{A}(p, T) = \mu^{B}(p, T)$ 时，A、B 两相平衡。这种关系可以在 $p - T - \mu$ 三维图形中表示出来，如图 2−1 所示。

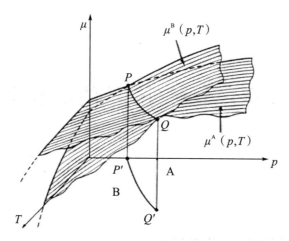

图 2-1　两相化学势与压力和温度的关系示意图[2]

设金刚石为 A 相，石墨为 B 相，两相的化学势与温度压力的关系可以分别对应为图 2-1 中不同的两个曲面。这两个曲面的交线 PQ 上满足 $\Delta\mu=0$，即在交线对应的压力温度条件下，两相平衡，交线在 $p-T$ 平面上的投影就是二维相图中的相平衡线。在相平衡线的某一侧，$\Delta\mu<0$，金刚石为稳定相，石墨为亚稳相，称为金刚石的热力学稳定区；在相平衡线的另一侧，$\Delta\mu>0$，石墨为稳定相，金刚石为亚稳相，称为石墨的热力学稳定区[2]。

1955 年，R. Berman 根据热力学原理及金刚石和石墨的相关实验数据（包括比热、燃烧热、热膨胀率、压缩率），计算推导出金刚石和石墨的相平衡线。其推导原理可参看文献[3-5]。根据计算结果，在 1500~2000K，两相平衡的压力和温度可近似地表示为线性关系：

$$p_e \text{（GPa）}=0.0032T_e \text{（K）}$$

1955 年，美国通用电气公司宣布高压合成金刚石成功[6]。合成实验以石墨为原料，并采用了多种金属（包括过渡族金属 Fe、Co、Ni 等及其合金）作为溶媒。生成金刚石的实验条件表明，温度在金属与碳的高压共熔点以上，且温度和压力处于金刚石热力学稳定区以内。如图 2-2 所示，所有的实验数据在 8GPa 以内，与 Berman 计算的相平衡线及其延伸线符合[7-9]。

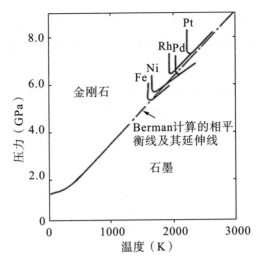

图2-2 石墨转变为金刚石的实验结果与相平衡线计算结果的关系[7-9]

如前所述，金刚石晶粒体系的烧结过程必须自始至终处于金刚石热力学稳定区的压力和温度条件下，以免转变为石墨相。尽管晶粒间可能存在某些起初未承受高压的微区，导致发生局部石墨化，但最终都必须再转变为金刚石，才能完成整体的烧结。因此，使温度和压力处于金刚石热力学稳定区，是金刚石烧结的一个必要条件。

2.2 金刚石的塑性形变区

要使金刚石晶体烧结到一起，晶粒间物质的移动是必要的。作为物质移动的一种方式，首先需要考虑塑性形变。塑性形变过程与晶体的位错密切相关。金刚石晶体中的碳原子间相互结合力很强，因此，与其他物质相比，发生位错的条件明显要高得多。实际上，金刚石是典型的脆性材料，在通常的受力情况下，发生塑性形变之前会发生沿着解理面方向的破裂，故难以观察到其整体塑性形变，以致关于金刚石塑性形变的实验数据非常有限。

R. C. DeVries[10]采用不同的高温高压条件对金刚石进行处理，再观察处理后金刚石表面细微组织，研究金刚石塑性形变发生的条件区域。

图2-3给出了DeVries的实验结果。可以判断，目前工业生产上常用的烧结条件均处于金刚石的塑性形变区域。在这样的条件下，金刚石晶粒体系应

13

首先在应力集中的接触点处开始发生塑性形变，从而导致体系中晶粒间接触面扩大、孔隙率减少。可以认为，塑性形变在金刚石晶粒体系致密化过程中起着重要作用。

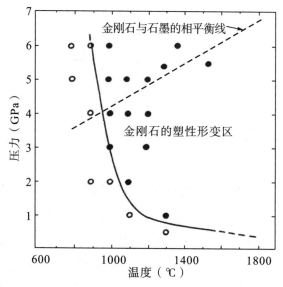

图 2-3　金刚石塑性形变条件区域[10]
（黑点表示有塑性形变，空心圆点表示无塑性形变）

2.3　金刚石的固相烧结及其条件

　　按照一般陶瓷材料（如氧化物、碳化物等）的烧结理论，物质移动的另一种重要方式是沿晶体表面扩散，其驱动力主要来自表面自由能之差。高温高压下，固体细微颗粒体系总表面自由能与表面状态密切相关。从形状考虑，表面自由能与表面曲率（$1/r$）成正比，所以颗粒越小或表面越粗糙（高低不平），其表面自由能越高。另外，凸起部的表面自由能比凹陷部的要高。因此，固体表面从凸起部向凹陷部的物质扩散，可以降低整体的表面自由能[11]。此外，固体晶粒表面附近应力分布的不均一，也会成为物质移动的驱动力[12]。

　　但是，这些在大多数陶瓷材料中能被观察到的物质移动，在金刚石晶粒体系中却很难实现。因为金刚石的原子间具有很强的共价键结合，是一种典型的难烧结固体，即金刚石中的原子很难脱离原来的位置，要使其通过固体内物质扩散来实现烧结，需要高得多的条件。

按照一般陶瓷材料烧结理论，固体颗粒间的界面自由能比其表面自由能低，在烧结过程中，物质可以通过从表面向界面移动，降低整体的自由能。设表面自由能为 ε_s，界面自由能为 ε_b，则固体的可烧结性密切依赖于 $\varepsilon_b/\varepsilon_s$[13]。而 ε_b 与 ε_s 都与固体材料的化学键状态及构造直接相关，当晶体界面比例增加，并在晶界上形成更多的直接结合的化学键时，体系整体的自由能明显降低，这就是晶体间的直接结合（direct bounding）。对于金属键结合的固体（金属），无论相邻晶体间彼此晶面方向如何，这种结合都容易形成；对于离子键结合的固体（如氧化物等），只要晶界上正负离子间的引力开始起作用，也较容易形成直接结合[14]。但对于金刚石这样具有典型共价键的材料，即使有物质移动（如塑性形变）形成新的晶界，其界面上也不一定能形成直接结合，因为晶体表面原子的位置和化学键具有严格的对应性和方向性，这也是金刚石成为难烧结材料的一个根本原因。

无论如何，要促使晶体中原子发生转移并形成晶粒间的直接结合，必须要加剧原子本身的运动，通常可以通过提高体系温度来实现。对于氧化物等陶瓷材料，通常需要保持在高于其熔点 2/3 的温度，才能加速物质的扩散，从而实现晶粒间的烧结[15]。但对于金刚石的烧结，则需要更高的温度才能实现。

金刚石的熔点如图 2-4 所示，约在 4000K 以上，而金刚石的固相烧结温度估计在 2700K（2400℃）以上。为了使金刚石在如此高的温度下不至于转变为石墨，烧结的压力需要选在 8GPa 以上。

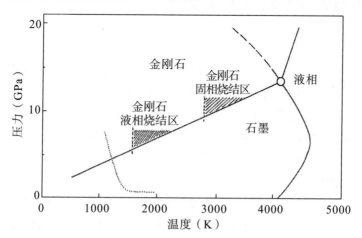

图 2-4　金刚石液相烧结与固相烧结的条件范围示意图
（左下方点虚线为塑性形变范围边界）

在一个固定的容器中，固体颗粒的填充密度与其形状和大小相关，Wentorf 等[15]指出，对于金刚石烧结体所用的晶粒体系，约存在 30% 的空隙。无论用什么方式填充或压实，对空隙率几乎不起作用。实际烧结中，假设金刚石晶粒体系处于高压下（如 8GPa），由于晶粒本身的硬度阻碍了压力的均匀分布，因此会在晶粒的接触点处产生非常高的压力（30~100GPa）。若再提高体系的温度，随着塑性形变发生，晶粒间接触面增大，压力有相当程度的下降，但仍会明显高于外加压力（8GPa）。

另外，晶粒体系中大部分面对空隙的表面处于低压下，一旦加上高温，很容易发生石墨化。因石墨化后碳的体积为金刚石的 1.6 倍，故所产生的石墨便会填满金刚石晶粒间的空隙。这样一来，金刚石与石墨的混合体系内部的压力便会变得越来越均匀，并趋于外加环境压力。这种压力分布可以抑制体系中石墨化继续蔓延，但不足以使已经形成的石墨直接转变为金刚石。据报道，要实现单纯的石墨直接转变为金刚石，需要 10~13GPa 的高压[16,17]，即为了使一部分石墨化的晶粒体系全部重新转变成金刚石，形成高纯度的致密金刚石多晶体，则需要比 8GPa 高得多的压力。

总之，要实现金刚石晶粒体系的固相烧结，至少需要 10GPa 以上的超高压力。目前工业上普遍使用的高压合成设备尚未达到这样的性能。因此，以无添加的金刚石晶粒为原料的固相烧结方法在工业上尚未普及。

2.4　金刚石的液相烧结及其条件

液相烧结是指在固相的金刚石晶粒体系中添加适当比例的烧结助剂，在高温高压条件下，助剂熔化为液相，填充于晶粒间空隙，使晶粒表面承受的压力更加均匀，同时通过其溶媒作用，促进晶粒间直接结合的形成。工业上通常采用 Co 等溶媒金属为助剂，这种方法所需要的压力和温度条件远不如固相烧结苛刻，更容易在普通的大腔体高压设备上实现。

由于固相体系的空隙中存在液相的溶媒物质，金刚石晶粒间的物质移动便能通过碳原子在溶媒中的溶解与再析出过程进行。这种溶解－再析出过程的驱动力仍然是金刚石晶粒表面自由能之差。因晶粒表面的状态、曲率、应力分布等不同，引起表面自由能在不同局部存在差异，碳在溶媒中的饱和溶解度也有差异。这样的差异能促进晶粒表面的碳原子通过溶液单向移动，从表面凸的局部向凹的局部、从应力集中的局部向应力缓和的局部转移，使整个体系的自由能不断降低。

　　由于金刚石晶体中碳原子间具有很强的结合力，因此，比起固相中物质移动，液相中溶解－再析出过程的物质移动会更容易进行。尽管在液相烧结中仍然会有固相扩散的物质移动过程，但从总体考虑，溶解－再析出机制应该起到最主要的作用。

　　根据以上分析，金刚石液相烧结的条件可以归纳如下：

　　第一，烧结助剂的液相必须是碳的溶剂。

　　第二，液相助剂与碳的溶液需要对固相金刚石表面具有很好的浸润性能，使溶液可以充分渗到晶粒间微小空隙中，有效地起到溶解－再析出的作用。

　　第三，烧结助剂只能在液态下起作用，故体系温度需要保持在助剂与碳的共熔点以上。

　　第四，为了避免溶液中碳原子析出为石墨相，加上还需要将金刚石表面某些石墨化的局部再次转变为金刚石，所选用的烧结助剂应是能使石墨转变为金刚石的触媒物质（这也是"助剂"常称为"溶媒"的原因）。且在高温烧结过程中的压力条件必须使体系处于金刚石的热力学稳定区。

　　这样看来，金刚石液相烧结的条件与石墨加同种溶媒合成金刚石的条件相当吻合，都处在 $P-T$ 相图中的"V"形区。例如，在采用 Co 作为烧结助剂的体系中，金刚石烧结的条件为 1350℃ 以上的温度和 5.5GPa 以上的压力。图 2-4 分别表示液相烧结条件、固相烧结条件、金刚石塑性形变条件，以及这些条件之间的大致关系。

　　实际上，还有第五个条件，即时间。因为无论是溶媒在晶粒间的均匀渗润，还是晶体表面的溶解－再析出过程，都需要时间。要使这些过程充分完成，必须在高温高压下稳定保持一定时间，且充分烧结的时间还与温度、压力条件有关。如果烧结时间过短，就无法合成具有广泛晶粒间直接结合的金刚石多晶体。

　　在液相助剂存在的金刚石晶粒体系中，晶粒间比较容易调整相对位置，有利于促使晶界处晶体方位产生一定对应关系，加之液相金属在溶解金刚石表面碳原子的同时，能除去吸附在晶体表面的其他杂质，这些机制都能够帮助金刚石晶粒间形成更多的直接结合。

　　总之，通过碳在溶媒中的溶解－再析出过程形成金刚石晶粒间的直接结合，是液相烧结与固相烧结最重要的区别。

　　还需要说明的是，这里讨论的液相烧结完全未涉及助剂冷却凝固后与金刚石晶粒表面间的结合，即黏结。尽管这种黏结作用对多晶材料整体性能也会有影响，但烧结与黏结有本质区别，仅靠黏结而形成的晶粒体系并不等于多晶烧结体，也不属于陶瓷材料，最多只能称为聚晶。

参考文献

[1] 王竹溪. 热力学教程 [M]. 北京：人民教育出版社，1964.

[2] 若槻雅男. 更多认识金刚石：超高压合成金刚石（1）[J]. 新金刚石（日），1988，4（1）：40−43.

[3] Berman R，Simon F. On the graphite-diamond equilibrium [J]. Z. Elektrochem，1955（59）：333.

[4] Berman R. Physical properties of diamond [M]. Oxford：Clarendon Press，1965.

[5] Berman R. The properties of diamond [M]. London：Academic Press，1979.

[6] Bundy F P，Hall H T，Strong H M，et al. Man−made diamonds [J]. Nature，1955（176）：51−55.

[7] Bovenkerk H P，Bundy F P，Hall H T，et al. Preparation of diamond [J]. Nature，1959（184）：1094.

[8] Bundy F P，Bovenkerk H P，Strong H M，et al. Diamond−graphite equilibrium line from growth and graphitization of diamond [J]. Journal of Chemical Physics，1961（35）：383.

[9] Wentorf R H. Advances in high pressure research [M]. London：Academic Press，1974.

[10] DeVries R C. Plastic deformation and "work−hardening" of diamond [J]. Materials Research Bulletin，1975，10（11）：1193−1199.

[11] 堂山昌男，山本良一. 陶瓷材料 [M]. 东京：东京大学出版社，1986.

[12] 若槻雅男. 更多认识金刚石：超高压合成金刚石（4）[J]. 新金刚石（日），1988，4（4）：30−35.

[13] 猪股吉三. 烧结理论的重建 [J]. 陶瓷（日），1987，22（6）：467−472.

[14] 田中英彦. 碳化硅陶瓷 [M]. 东京：内田老鹤圃社，1988（1−10）：

155－173.

[15] Wentorf R H，DeVries R C，Bundy F P. Sintered super－hard materials [J]. Science，1980 (208)：873－880.

[16] Bundy F P. Direct conversion of graphite to diamond in static pressure apparatus [J]. Journal of Chemical Physics，1963 (38)：631.

[17] Wentorf R H. The behavior of some carbonaceous materials at very high pressures and high temperatures [J]. Journal of Physical Chemistry，1965 (69)：3063.

第3章 高温高压烧结方法

3.1 超高压装置

为了实现前述金刚石烧结所需要的条件，必须使用相应的高压装置。如果只为了开展基础研究，实验装置的作用只是达到所需要的压力和温度，并不特别追求样品体积，这样的装置有许多类型。著者在《静高压实验原理》[1]一书中对高压装置做了较系统的介绍，本书不再重复。

关于金刚石烧结体的实验研究主要属于应用基础研究，为了探索金刚石烧结过程的机理、规律及其影响因素，以给工业产品的制备方法提供有用参考。因此，需要考虑实验样品具有足够大的体积，并要求在相当大的样品腔内保持温度和压力均匀分布。

本书介绍的实验研究集中在液相烧结过程，在实验中所使用的装置主要有三种类型。

3.1.1 Belt 式高压装置

Belt 式高压装置最早由美国通用电气公司 Hall 开发[2]，如图 3-1 所示。该装置的上、下压砧为对称的带圆弧面的锥体，压砧之间有双面带喇叭口的圆筒模具，圆筒模具外加多层箍套，以提高其屈服强度。加压过程中，压砧与圆筒模具间靠密封介质和传压介质支撑并绝缘，与过去的凹凸面压砧装置相比，中部样品腔体积明显扩大，有更多压缩余地，以产生更高压力。中部样品外围安放加热管，通过对加热功率的控制可在高压腔内产生并维持高温条件。美国通用电气公司最初实现人工合成金刚石的实验就是在 Belt 式高压装置上进行的。至今，Belt 式高压装置在科学研究和工业生产中仍被广泛使用。

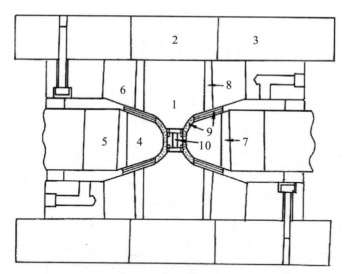

1—压砧；2—垫块；3—垫块箍套；4—Belt 式压缸；

5、6、7、8—箍套；9—叶腊石封套；10—样品腔

图 3－1　Belt 式高压装置[3]

日本国立材料科学研究所（曾用名"无机材料研究所"）曾对 Belt 式高压装置进行过深入的力学分析和形状优化，改进后的 Belt 式高压装置按其圆筒内径和加压性能，分别取代号为 FB25、FB25H 和 FB30H 等，最高压力可达 10GPa[3]。本书所述大部分实验是在这类装置上完成的。

3.1.2　铰链式独立油缸驱动六面顶压机

独立油缸驱动六面顶压机最早由苏联科学家报道[4]。这种压机是通过六个独立油缸分别推动各自活塞顶端的压砧，在三个相互垂直的方向上对中部正六面体样品加压。后来，这种压机在我国得到持续改进和广泛应用[5]。我国研制的这类压机的主要特点是：六缸之间采用牢固的铰链式连接，称为铰链式独立油缸驱动六面顶压机，如图 3－2 所示。这种压机结构稳定，各油缸既可独立运行，又可连通升压，具有升压速率快、运行效率高、操作方便等特点。近年来，经过不断改进，压砧的运行精度和六缸同步性控制有明显提高，可满足绝大多数工业生产需要。本书有关金刚石烧结体的部分实验，是在四川大学原子与分子物理研究所设置的铰链式独立油缸驱动六面顶压机上完成的。

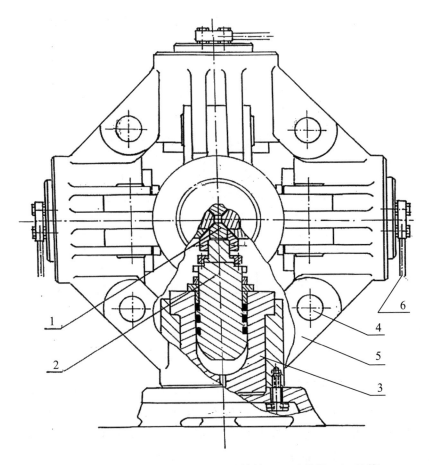

1—压砧；2—活塞；3—油缸；4—连接栓；5—连接架；6—油管

图3-2 铰链式独立油缸驱动六面顶压机[5]

3.1.3 带V形槽可调滑块式上三下三的六面顶装置

带V形槽可调滑块式上三下三的六面顶装置是由日本科学家 Wakatsuki
开发的[6,7]，如图3-3所示。该装置由单向运行的压机驱动，压砧系统由完全
相同的上、下两部分组成，两部分各由带三个倾斜V形滑槽的底座和与其配
合的滑块组成，上、下底座在平面上相互同轴并呈60°角度，使固定在滑块上的
六个压砧端面相互垂直，组成一个正六面体压缩空间。这种装置的优点是压砧
运行同步性好。本书第9章部分实验是在筑波大学材料科学系的带V形槽可调
滑块式上三下三的六面顶装置上完成的，其压砧正方形端面边长为18.6mm。

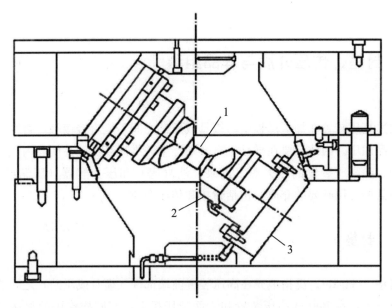

1—叶腊石立方块（含样品）；2—压砧（含箍套）；3—V 形滑槽

图 3—3　带 V 形槽可调滑块式上三下三的六面顶装置[6,7]

以上三类压机各有特点。其中，Belt 式高压装置的样品腔中部近圆柱形，在加压过程中，样品所经历的主要是轴向压缩形变，而径向形变很小，因此，这种装置更有利于合成出形状规整的圆柱形（或圆片形）的金刚石烧结体。

相对而言，后两种六面体装置中样品所承受的是来自相互垂直的三个方向的压缩，压砧之间存在多个方向的间隙，对应六面体的棱边，填充在样品周围的封垫和传压介质的形变相对复杂，不利于样品保持规整形状，即采用这类设备制备规整形状样品的有效空间相对较小。因此，工业上合成大直径圆柱形金刚石烧结体时，较多采用 Belt 式高压装置。

作者对不同类型六面顶压机进行对比实验，结果表明，在同步性方面，带 V 形槽可调滑块式上三下三的六面顶装置明显优于铰链式独立油缸驱动六面顶压机[8]。中国科学院北京物理所在相当长一段时期内，曾采用带 V 形槽可调滑块式上三下三的六面顶装置成功地合成高质量金刚石烧结体。我国超硬材料行业较多地使用工作效率高的铰链式独立油缸驱动六面顶压机来合成不同性能和用途的金刚石烧结体。

3.2 封垫、传压介质与样品组装

前述高压装置在加压过程中，模具或压砧之间不能直接接触，否则无法对腔内样品加压。因此，要在样品上有效地产生并维持高压，并使腔内压力尽可能均匀，除高压装置的压力源（油泵、油缸等）和压力容器（压砧或模具）外，还需要采用必要的介质，包括封垫和传压介质。

3.2.1 封垫

封垫（Gasket）泛指填充在高压装置前端部件（模具或压砧）之间缝隙处的密封材料，在 Belt 式高压装置和六面顶压机上，起同样作用的材料呈带喇叭口的圆筒形，或带内孔的正立方形，故也称为封套。

封垫材料的第一个必要性质是可压缩性，使被密封在高压容器内的样品腔体积能够有效缩小，产生高压。为强调这种特性，封垫常被称为可压缩封垫（Compressible Gasket，CG）[9-11]。

封垫材料的第二个必要性质是在高压下具有足够高的剪切强度，以有效地维持受压空间从内到外的压力梯度，使腔体中部产生所需要的高压力。但通常的材料剪切强度越高，硬度越高，可压缩性就越低。因此，选择封垫材料需要权衡的问题是如何选择合适的材料制作封垫，使其既有充分的可压缩性以产生高压，又有相适应的剪切强度以保持腔内高压。

Wakatsuki 给出了一种评价封垫材料性能的实验方法[9-11]，著者曾采用这种方法研究了几种叶腊石的性能及在不同压力下的行为[12,13]。

目前，叶腊石是在大腔体压机上使用最广泛的一种封垫材料。为充分利用天然资源，我国工业普遍使用叶腊石粉压体代替整块原石，对叶腊石原石的性能及粉压体的配方、制作工艺和性能等也有相当多的研究[14-16]。

3.2.2 传压介质

传压介质的作用在于传递压强，使实验样品各部分受到尽可能均匀的压力。为此，介质需要充满整个高压腔，并且完全包围住样品。另外，传压介质材料需要在各个方向上具有尽可能相同的力学性质，在高压下的剪切应力越小越好，因此，理想的传压介质应该是黏度很小的液体。但绝大多数液体在 2～3GPa 压力下会转变成固体，乙醇和甲醇的混合液可在 10GPa 压力下仍保持液态。液体传压介质常用在活塞圆筒装置和金刚石对顶压砧（DAC）装置中。

在合成金刚石烧结体使用的上述大腔体高压装置上，均采用固体传压介质。固体传压介质同样需要具有较小的剪切应力，在高压下尽可能实现各向同性的压力环境。目前使用得较多的固体传压介质有 NaCl、MgO_2、hBN、滑石、叶腊石等。

在许多情况下，封垫和传压介质可选用同种材料（如叶腊石），选用时应该清楚封垫有较高的剪切强度，而传压介质需要较低的剪切强度。

3.2.3　样品组装

图 3-4 为 Belt 式高压装置上样品组装示意图。

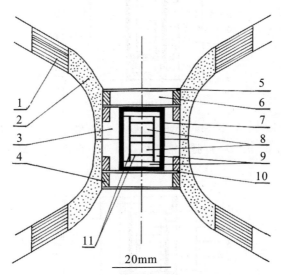

1—外层密封垫（纸板或橡胶垫）；2—叶腊石封套；3—NaCl＋20wt％ZrO_2；4—限位钢环；
5—导电铜片；6—ZrO_2陶瓷堵头；7—石墨加热管；8—样品；9—NaCl；10—Mo 片；
11—Mo 箔、Ta 箔或 Zr 箔

图 3-4　Belt 式高压装置上样品组装示意图

Belt 式高压装置上的样品组装整体呈上、下带喇叭口的圆柱形，为了防止叶腊石封套在长时间保压过程中被逐渐挤出，可增加一圈最外层的密封垫，其材料采用叠放的纸板或环形的橡胶垫。次外层的叶腊石封套分为上、下两段，以便装配。上、下靠近压砧的位置安放带导电钢环的 ZrO_2 陶瓷堵头，以在导电的同时有效传压。中部石墨加热管外围的传压介质为 NaCl 与少量 ZrO_2 粉料均匀混合后压制成形的圆筒，ZrO_2 的添加量为 10wt% 或 20wt%，添加 ZrO_2 的主要目的是降低 NaCl 圆筒在高温高压下的流动性，以尽量保持中部碳管在高温高压下不变形，同时降低外围传压介质的导热性，使碳管加热效率更高。外围传压介质圆筒两端的钢环是为了防止受压过程中介质边沿被向外挤出。加热碳管里的内层传压介质采用无添加的 NaCl 粉压体，包括小圆筒和圆片，这样的介质具有更接近各向同性的传压性能，使被包围在中部的样品受到较均匀的压力，其较好的导热性也有利于对样品加热。为了防止高温高压下传压介质对样品产生污染，通常在样品周围采用高熔点金属箔（如 Mo 箔、Ta 箔、Zr 箔等）作为隔离保护层。图 3-5 为六面顶高压装置上的样品组装示意图。

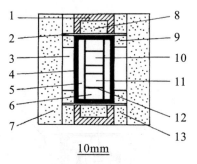

10mm

1-导电钢碗；2-Mo 片；3-NaCl+20wt% ZrO_2；4-石墨管；5、6-NaCl+10wt% ZrO_2；
7、8、9、13-叶腊石粉压体；10、11-样品；12-Mo 箔

（a）六缸驱动式六面顶压机

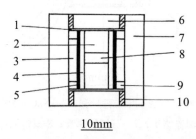

10mm

1-Mo 片；2、4-镁铁矿陶瓷；3-NaCl+20wt% ZrO_2；5-碳管；6、7、9-叶腊石；10-钢环

（b）滑块驱动上三下三六面顶装置

图 3-5　六面顶高压装置上样品组装示意图

不同驱动方式的六面顶高压装置的可被压缩空间都是由六个压砧端面构成

的正六面体。与此相对应，其样品组装的外部形状均为正六面体，通常外层部分采用叶腊石材料。叶腊石立方块的边长必须大于压砧的边长，以保证有充分的余量来压缩。同时在压缩过程中，叶腊石立方块的 12 条棱边被均匀地挤至压砧间的缝隙内，起到封垫的作用。因此，这种叶腊石立方块也被称为封套。

封套边长与压砧边长的比例根据组装材料性质和实验压力范围等有所不同。本书涉及的实验中，在铰链式独立油缸驱动六面顶压机上，压砧边长为 23.5mm，所使用的叶腊石粉压体封套的边长为 32.5mm；在滑块式上三下三六面顶压机上，压砧边长为 18.6mm，所使用的叶腊石原石封套的边长为 24mm。六个压砧运行接触到组装好的方块表面之后，再对整个样品组装块进行同步加压。

叶腊石封套中部圆孔内的组装与 Belt 式高压装置的中部类似，各部分组件所采用的材料及其作用也基本相同。某些实验中，样品上、下垫片采用镁铁矿（Macerite）陶瓷，使压缩过程中尽可能保持样品的形状规整。

3.3　压力和温度的测定

在大量合成金刚石烧结体的实验中，样品所经历的压力和温度通常不必在每次实验中进行在线测量，只需预先采用尽可能相同的组装，测量出加载油压与样品腔内实际压力的对应关系，以及加热功率与腔内温度的对应关系，在合成烧结体的实验中，根据所采用加载油压和加热功率，即可推断腔内的实际压力和温度。

3.3.1　压力的测定

在高压下开展实验研究，首要的实验数据是压力，即样品所承受的真实压力。对于一些结构简单的设备，在压力不太高的情况下，可通过"一级压力计"和"二级压力计"直接或间接地测量[17,18]。对于活塞圆筒装置，可以通过外加压力与活塞面积以及摩擦力等参数进行估算。这些方法通常只适用于 2GPa 以下的压力范围[19]。在更高压力条件下，绝大多数液体传压介质会转变为固体，由于固体的抗剪切性能，其内部应力很难均匀分布。大腔体超高压装置中所采用的封垫和传压介质一开始都是固体，导致样品组装的整体压力分布很不均匀。特别是在 Belt 式高压装置、六面顶高压装置上，模具或压砧不同部位的压力不一致，分布相当复杂，样品所承受的实际压力很难通过外部加载力和高压模具（或压砧）的形状和尺寸去计算，因此，必须采用其他方法进行测定。

大腔体高压装置上，腔内实际压力普遍采用压力标定的方法去判断。这种方法是通过检测某些特定物质在室温下已知相变的压力点所对应的外加压力，建立样品腔内实际压力与外加压力之间的关系，再将这样的关系作为实验中判断实际压力的依据。例如，利用某些物质在压致相变时电阻发生突变的特性，通过测量它们的电阻随压力的变化，来确定几个特定压力点，然后拟合出腔内实际压力与外加压力的关系。这种方法最早由 Bridgman 提出，他发现室温下 Bi、Tl、Cs、Ba 等金属压致相变伴随的电阻突变，给出了一系列相变所对应的压力点，并作为室温下 10GPa 以内压力标定的依据，这些相变压力点称为 Bridgman 基准[20]。后来，研究者对这些压力点进行反复校正，更加准确地修订了压力标定的基准。随着高压下 X 射线衍射实验技术的发展，以及对 NaCl 状态方程的理论计算，超高压力还可通过 NaCl 晶格常数随压力的变化关系来测量。这种方法也用来校正上述物质相变点的压力，称为 NaCl 基准[21,22]。1968 年，美国国家标准局（NBS）在总结各种研究结果的基础上，提出了室温下压力定点标准，这一标准被全世界研究者使用了很长时间，称为 NBS 基准[23]。1986 年，国际实际压力基准工作小组又一次修订了压力定点标准[24]，见表 3-1。

表 3-1 室温下压力定点标准[24]

物质		压力定点标准
Bi	Ⅰ-Ⅱ	(2.550 ± 0.006)GPa
Tl	Ⅱ-Ⅲ	(3.68 ± 0.03)GPa
Ba	Ⅰ-Ⅱ	(5.5 ± 0.1)GPa
Bi	(upper)	(7.7 ± 0.2)GPa
Sn		(9.4 ± 0.3)GPa
Ba	(upper)	(12.3 ± 0.5)GPa
Pb		(13.4 ± 0.6)GPa

在更高压力下，研究者还确定了 ZnTe 的相变压力为 9.6GPa 和 12GPa，ZnSe、ZnS、GaAs、GaP 的相变压力分别为 13.9GPa、16.2GPa、19.3GPa、

23.3GPa 等，这些物质的相变点作为相应范围内压力定点标准[25]。

彭放等[26]通过测量 Cd$_3$P$_2$ 和 ZnTe 粉压体在 4.0GPa 和 5.0GPa 处相变引起的电阻变化，结合对传统标样 Bi 的测量，提出了一套适用于大腔体高压装置的更加安全无毒的压力标定方法。

本书涉及的所有实验，压力都不超过 7.7GPa。作者所做压力标定实验都是通过测定 Bi、Tl、Ba 三种物质的相变点来完成的。三种物质的电阻测量可通过三次实验进行，也可通过测量 Bi、Tl、Ba 串联线路的电阻变化一次性完成几个压力点的标定，这样更加快捷、可靠。图 3-6 为 Belt 式高压装置上用串联方式进行压力标定的样品组装示意图，在利用上、下压砧作为导电部件时，需要暂时断开其间原有的加热电路。在六面顶高压装置上，除外部密封套形状不同外，内部组装和测量线路等的原理都是相同的。

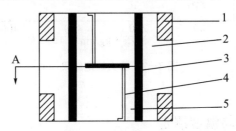

1-钢环；2-NaCl+20wt% ZrO$_2$；3-石墨管；4-Au 箔；5-NaCl+10wt% ZrO$_2$

（a）Belt 式高压装置上做压力标定的样品组装

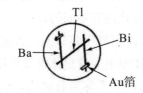

（b）样品中心部分横断面（Au 为测量端）

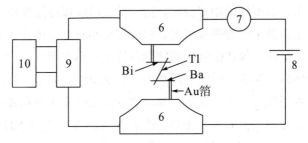

6-压砧；7-电流计；8-恒流源；9-电压计；10-记录仪

（c）串联式测量电路

图 3-6　Belt 式高压装置上用串联方式进行压力标定的样品组装示意图

由于测量通路采用的是恒流源，加压过程中样品两端电压值的变化直接反映了电阻随压力的变化，电阻突变点所对应的压力即标样的相变压力。图 3-7 为压力标定结果。

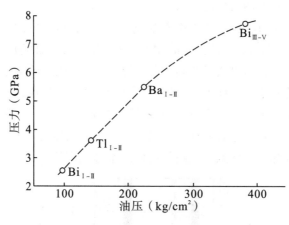

图 3-7　压力标定结果

3.3.2　加热方法与温度测定

对于不透明的大腔体高压装置，加热方式是对发热体（heater）通电。加热电路根据装置类型和组装方式进行不同的设计。

在 Belt 式高压装置或六面顶高压装置上，普遍利用相互绝缘的两个压砧作为电极对高压腔内的发热体通电。发热体可以是样品本身，也可以是靠近样品的其他部件（如发热管等），前者称为直热式，后者称为旁热式。后种情况下，样品本身并不通过电流，故其在高温高压下发生的物性变化或相变都不影响发热体的电阻，温度环境相对稳定，适于较长时间保持温度稳定的实验。本书涉及的所有实验都采用旁热式组装，以保证金刚石烧结体合成相关实验结果具有更好的可重复性。加热碳管的形状和位置等显示在图 3-4 和图 3-5 中。

对于大腔体高压装置，通常采用热电偶来测量腔内温度。热电偶测温的基本原理在相关物理教科书中有介绍，热电偶的国际标准及冷端补偿等问题可参考相关专业书籍和产品说明书。此外，作者在《静高压实验原理》[1]中对热电偶测量值的压力修正问题做了较详细的介绍，此处不再赘述。

在大腔体高压装置上安放热电偶，必须保持其独立的测量回路，与其他部件绝缘。在 Belt 式高压装置和六面顶高压装置上，通常是让热电偶导线从压砧间的狭缝中穿过绝缘的封垫和传压介质引出。在六面顶高压装置中，也可利用与加热通路相互绝缘的其他压砧作为热电偶的冷端，这种方法操作简便，且能避免热电偶通路在狭缝中易被压断等问题。但采用这种方式时，在作为热电偶冷端的压砧比较靠近加热管的情况下，压砧本身的温度会明显高于 0℃，也比环境室温更高，所产生的测量误差一般无法忽略，需要考虑对测量值进行校正。

3.3.3　高温下的压力测量

在大腔体高压装置上，当腔内温度发生变化时，由于封垫及传压介质等组装材料热膨胀等因素的影响，实际压力通常会有所变化，因此，不能简单地用室温下压力标定的结果来推断高温下的压力。

原理上，测量高温下压力的方法可分为两类：第一类是以已知状态方程的标样物质为基准，在测量温度的同时通过原位 X 射线衍射结果来推算压力。第二类是利用已知的物质相变温度与压力的对应关系，通过测量相变温度来推定该温度下样品所处压力。第二类方法包括固－固相变和固－液相变。此外，还有利用物质化学反应的温度与压力的对应关系来测压，做法与第二类方法类似。

第二类方法操作起来相对容易，只要测量出相变发生时的温度，就可推定其压力。利用固－固相变方面，如石英－柯石英相变方程[27]和柯石英－斯石英相变方程[28]，常被用在 1000℃ 左右的压力测量。另外，石墨－金刚石相变还被利用在 1400℃ 附近的高温下进行压力测量。

本书所涉及的实验是利用固－液相变来测量高温下的压力。原理是：使碳管的加热功率按设定速率上升，同时测量标样温度的上升曲线，当高压下固体标样在高温熔化时，平缓上升的温度曲线会因相变过程中的吸热出现暂停或略下降，直到相变完成之后温度再继续上升。结果是在温度曲线上留下一个拐点，拐点所对应的温度即高压下熔点，再根据已知相变曲线的 $P-T$ 关系，可推知该温度所对应的压力。

作者曾通过高压下 Ag 熔点的测量，推定处于高温（1100～1300℃）下样品腔内压力与加载压力的关系[29]。根据同样原理，还利用 Pb 的熔融曲线进行了 600～760℃ 内高压力的测量[30]。图 3-8 表示测量 Pb 熔点的实验组装及所得结果。尽管这些实验所测得温度与金刚石烧结体合成温度范围相比有所偏低，但比起室温下的测量结果显然更具有参考价值。

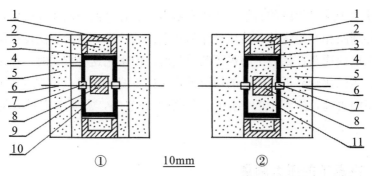

1-钢环；2、5、11-叶腊石；3-Mo 片；4-石墨管；
6-NiCr-NiSi 热电偶；7-AlO₂绝缘管；8-铅块；9、10-NaCl

（a）Pb 熔点法测量压力的两种样品组装示意图

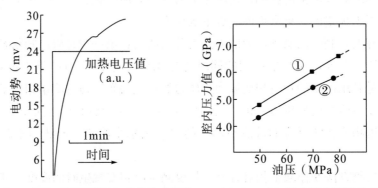

（b）50MPa 油压下用 NaCl 作为内层传
压介质时热电偶的电动势变化记录

（c）600～760℃内压力测定结果

图 3-8　测量 Pb 熔点的实验组装及所得结果

参考文献

[1] 洪时明，刘秀茹．静高压实验原理 [M]．北京：科学出版社，2021．

[2] Hall H T．Ultra high pressure, high temperature apparatus：the "belt" [J]．Review of Scientific Instruments，1960 (31)：125．

[3] 福长修．人造金刚石技术手册 [M]．东京：科学论坛，1989：27-33．

[4] Vereschagin L F, Progress in Very High Pressure Research [M]．New York：John Wiley & Sons，1961．

[5] 姚裕成. 人造金刚石和超高压高温技术 [M]. 北京：化学工业出版社，1996.

[6] Wakatsuki M，Ichinose K，Aoki T. Characteristics of link－type cubic anvil，high pressure－high temperature apparatus [J]. Japanese Journal of Applied Physics，1971，10 (3)：357.

[7] 市濑多章，若槻雅男，青木寿男. 新型斜面驱动式六面顶压砧装置 [J]. 压力技术（日），1975，13 (5)：244－253.

[8] 吕世杰，罗建太，苏磊，等. 滑块式六含八超高压实验装置及其压力温度标定 [J]. 物理学报，2009，58 (10)：6852－6857.

[9] Wakatsuki M. A simple method of selecting the materials for compressible gasket [J]. Japanese Journal of Applied Physics，1965，4 (7)：540.

[10] 若槻雅男. 超高压下物质的塑性流动与可压缩封垫 [J]. 塑性与加工（日），1966 (7)：536－542.

[11] Wakatsuki M，Ichinose K，Aoki T. Notes on compressible gasket and Bridgman-anvil type high pressure apparatus [J]. Japanese Journal of Applied Physics，1972，11 (4)：578.

[12] 陈丽英，刘秀茹，吴学华，等. 用 Bridgman 压砧研究我国几种叶腊石的剪切强度 [J]. 珠宝科技，2004，16 (56)：6－10.

[13] 胡云，陈丽英，刘秀茹，等. 不同加载压力下平面对顶砧间叶腊石封垫力学状态的演变 [J]. 高压物理学报，2015，29 (6)：401－409.

[14] 陶知耻，蒲正行. 赵家台叶腊石的品种类型、矿物相变及其对合成金刚石的影响 [J]. 中国科学，1977 (2)：173－181.

[15] 徐文炘，李薅，郭陀珠. 我国传压介质材料——叶腊石矿物的基本特征 [J]. 矿产与地质，2003，17 (5)：56－58.

[16] 方虎啸. 中国超硬材料新技术与进展. [M] 合肥：中国科技大学出版社，2003.

[17] Bridgman P W. Pressure－volume relations for seventeen elements [J]. Proceedings of The American Academy of Arts and Sciences，1942，74 (13)：425－440，

[18] 大杉治郎，小野寺昭史，原公彦，等. 高压实验技术及其应用 [M]. 东京：丸善社，1969.

[19] Decker D L. Equation of state of sodium chloride [J]. Journal of Applied Physics，1966 (37)：5012.

[20] Bridgman P W. The resistance of 72 elements, alloys and compounds to 100, 000 kg/cm^2 [J]. Proceedings of The American Academy of Arts and Sciences, 1952, 81 (4): 165, 167−251.

[21] Jeffery R N, Barnett J D, Vanfleet H B, et al. Pressure calibration to 100 kbar based on the compression of NaCl [J]. Journal of Applied Physics, 1966 (37): 3172.

[22] Decker D L. High−pressure equation of state for NaCl, KCl, and CsCl [J]. Journal of Applied Physics, 1971 (42): 3239.

[23] Hall H T. Fixed points near room temperature [M] // Lloyd E C. Accurate characterization of the high − pressure environment. Washington: NBS Spec. Publish, 1971: 313−314.

[24] Bean V E, Akimoto S, Bell P M, et al. Another step toward an international practical pressure scale: 2nd AIRAPT IPPS task group report [J]. Physica B+C, 1986 (139−140): 52−54.

[25] Manghnani M H, Akimoto S. High pressure research: applications in geophysics [M]. London: Academic Press Inc, 1977.

[26] Huang M, Peng F, Guan S, et al. Powder conductor for pressure calibration applied to large volume press under high pressure [J]. Review of Scientific Instruments, 2021 (92): 073903.

[27] Liu L, Bassett W A. Element, oxides, silicates, high pressure phases with implication for the earth's interior [M]. New York: Oxford University Press, 1986.

[28] Manghnani M H, Akimoto S. High pressure research: applications in geophysics [M]. London: Academic Press Inc, 1977.

[29] Mirwald P W, Getting I C, Kennedy G C. Low − friction cell for piston−cylinder high−pressure apparatus [J]. Journal of Geophysical Research, 1975, 80 (11): 1519−1525.

[30] 洪时明, 罗湘捷, 王永国, 等. 600~760℃范围内超高压力的测定——铅熔点法 [J]. 高压物理学报, 1989, 3 (2): 159−164.

第4章　金属助剂在金刚石晶粒间的溶浸行为

4.1　钴在金刚石晶粒间的溶浸及影响因素

4.1.1　基本思路

过渡族金属铁（Fe）、钴（Co）、镍（Ni）是高压下石墨转变为金刚石中常用的溶媒（solvent-catalyst），这些金属在高温高压下熔化为液态时，对金刚石固体表面具有很好的浸润性，容易渗透到金刚石晶粒间的空隙中。按照液相烧结的基本原理，这些金属是碳的溶剂，可以通过溶解-再析出的过程帮助金刚石晶粒间形成直接结合（Diamond-Diamond direct bounding）。

在多晶金刚石烧结体合成中，最常用的一种烧结助剂是 Co。金刚石与 Co 二元体系的高温高压烧结方法可分为两类：第一类是将金刚石粉与 Co 粉按一定比例均匀混合作为出发原料，再在高温高压下进行烧结[1-3]。第二类是将金刚石粉与含 Co 的碳化钨（WC-Co）基底叠层组装，在高温高压下同时烧结金刚石与碳化钨[4-6]。第二类方法是美国通用电气公司 Wentorf 等开发的技术，有利于制备体积大的金刚石-碳化钨双层复合材料，这是工业生产中使用最广泛的一种方法。

图 4-1 是 5.6GPa 下的 C-Co 二元相图[7]，在这种单纯的二元体系中，只要温度高于体系的共熔点，便有液相（即 Co 对 C 的溶液）存在。这种液相能从 WC-Co 基底向叠层组装的金刚石晶粒间空隙中渗流，或者从已混有 Co 的金刚石之间向尚未接触 Co 的金刚石表面渗流。另外，由于 Co 是石墨转变

为金刚石的溶媒，可以将金刚石晶粒间空隙表面在高温下可能产生的局部石墨化的碳转变为金刚石，也可对金刚石表面碳起到溶解－再析出的作用，这些作用有利于金刚石晶粒间形成直接结合[8-10]，即在金刚石烧结过程中，液相 Co 在固相金刚石晶粒间伴有碳溶解与析出的渗流是一种基本行为，称为溶浸行为。

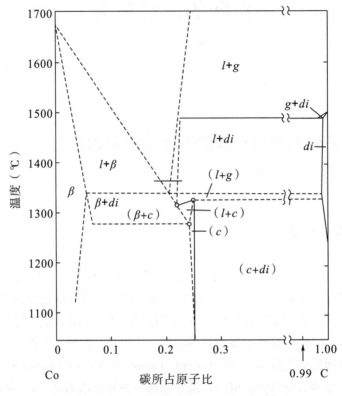

图 4-1 5.6GPa 下的 C-Co 二元相图[7]

为了更清楚地了解金刚石与金属混合体系烧结的过程，可以把问题简化。首先，需要研究高温高压下金属在金刚石晶粒间的溶浸行为；不同金属在怎样的条件下才能均匀地填满金刚石晶粒间空隙，这是下一步研究溶解－再析出过程的重要前提。

根据以上思路，首先研究液相 Co 在金刚石晶粒间的溶浸行为及其影响因素。本章介绍相关模拟实验。作为最基本的体系，采用无添加的金刚石微粉在高纯度金属 Co 圆片上积层组装，在高温高压下保持一定时间进行烧结，再对回收样品中 Co 的分布进行研究。同时，分析原料金刚石粒度、烧结温度、压力等因素对 Co 分布的影响。

4.1.2　实验方法[11]

金刚石与 Co 叠层烧结实验样品组装如图 4−2 所示。原料为金刚石微粉（東名金刚石公司产品），三种微粉的粒度分别标注为 0~1μm、5~10μm、20~30μm，叠放的圆片为 Co 金属（纯度 99.9%）。

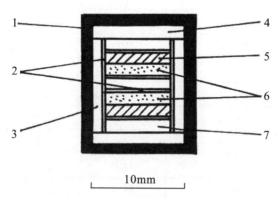

10mm

1−石墨加热管；2−Zr 箔；3、4、7−NaCl 传压介质；5−Co 片；6−金刚石微粉

图 4−2　金刚石与 Co 叠层烧结实验样品组装示意图

实验在内径为 25mm 的 Belt 式高压装置上进行。先将组装好的样品加压到预先设定的压力，保持压力不变，再开始加热，当加热功率到达一定值并稳定保持一段预定时间之后，逐渐降低功率至零，使样品冷却，然后缓慢降压，回收样品，进行观察分析。

烧结温度的选择需考虑两个方面的因素：一是温度应高于所用压力下金刚石与 Co 的共熔点温度；二是要使体系始终处于金刚石的热力学稳定区，尽量避免石墨化。本实验的压力均为 5.8GPa，考虑到此压力下 Co 与碳的共熔点温度为 1336℃，所以实验温度选为 1350~1500℃，使 Co 处于液态，高温高压条件烧结时间大部分为 60min，少数样品烧结 10min 或 360min。

金刚石与 Co 叠层体系的出发原料和实验条件表示在表 4−1 中。

表 4−1　金刚石与 Co 叠层体系的出发原料与实验条件

样品号	金刚石原料粒度（μm）	烧结温度（℃）	压力（GPa）	烧结时间（min）
A1	0~1	1350	5.8	60
A2	0~1	1375	5.8	60
A3	0~1	1400	5.8	60

样品号	金刚石原料粒度（µm）	烧结温度（℃）	压力（GPa）	烧结时间（min）
B1	5～10	1350	5.8	60
B2	5～10	1400	5.8	60
B3	5～10	1450	5.8	60
B4	5～10	1500	5.8	60
C1	20～30	1350	5.8	60
C2	20～30	1400	5.8	60
D1	5～10	1450	5.8	10
D2	5～10	1450	5.8	360
E1	5～10	1450	6.5	60
E2	5～10	1450	7.7	60
E3	0～1	1400	6.5	60
E4	0～1	1450	6.5	60

降温降压后回收的样品均呈圆片形，根据观测目的，分别制作出圆片的径向剖断面，或进一步通过金刚石砂轮及研磨制作径向剖断研磨面。对这些样品的断面分别采用光学显微镜、扫描电子显微镜进行反射电子像（BEI）、二次电子像（SEI）、能散 X 射线显微分析（EPMA）。

4.1.3　温度对钴在金刚石晶粒间溶浸行为的影响[11]

图 4-3（a）（b）（c）分别给出了样品 A1、A2、A3 的径向剖断研磨面的反射电子像，主要反映不同元素的分布情况。由于扫描电镜成像的原子序数效应，照片中明亮的区域对应原子序数较大的 Co，灰暗的区域对应金刚石。这些样品所采用的金刚石粒度均为 0～1µm，压力为 5.8GPa。其中，在 1350℃下烧结 1h 的样品 A1 中，渗流到金刚石微粒层的 Co 含量很少，且分布很不均匀，呈零星的点状分布。在稍高温度 1375℃下烧结 1h 的样品 A2 中，金刚石微粒层中 Co 的含量比 A1 略有提高，但其分布仍不均匀，显现出许多从几十微米到一百微米不等的灰暗区域，这些区域中几乎没有 Co 的痕迹。在烧结温度提高为 1400℃的样品 A3 中，尽管 Co 的含量比 A1 和 A2 中稍多，但其分布仍不均匀，存在几乎不含 Co 的灰暗团粒，且边界更清晰。

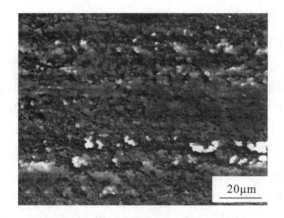

(a) A1

(b) A2

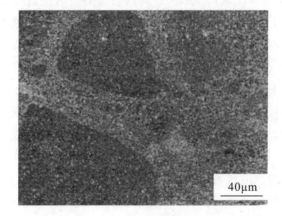

(c) A3

图 4−3　样品 A1、A2、A3 的径向剖断研磨面的反射电子像

实验结果初步表明，当温度为 1350℃ 时，只有很少的液相 Co 能溶浸到 $0\sim1\mu m$ 级别的金刚石微粒层内，随着温度提高，金刚石微粒层中的 Co 含量增加。对比显示，温度越高，液态 Co 越容易向金刚石微粒层溶浸。可以认为，温度越高，液态 Co 的黏度越低，故其越容易渗流到金刚石微粒层。

实验还表明，粒度在 $0\sim1\mu m$ 级别的金刚石微粉中，存在许多几十微米到几百微米的团粒区域，液相 Co 难以溶浸到这些区域。这种现象的原因是：亚微米级金刚石微粒具有很高的表面自由能，故很容易形成几十微米到几百微米的团粒，可称为"二次团粒"，这种团粒内部微粒间的空隙很小，以尽量减少整体的表面自由能。相比之下，二次团粒之间的空隙会稍大一些。因此，高温下液相 Co 更不容易溶浸到二次团粒内部。实际上，用光学显微镜或扫描电镜也能在亚微米级金刚石微粉中观察到这种二次团粒普遍存在。总之，这种以亚微米级微粉构成的二次团粒，被认为是阻碍液态 Co 在金刚石微粒层均匀分布的主要原因。这种现象对于合成亚微米级金刚石烧结体是一个关键性问题，将在第 7 章进一步介绍。

4.1.4　金刚石原料粒度对钴溶浸行为的影响[11]

与出发原料粒度为 $0\sim1\mu m$ 金刚石微粉样品相比，粒度为 $5\sim10\mu m$ 和 $20\sim30\mu m$ 的金刚石微粒为出发原料的两组（B 组和 C 组）样品中，Co 在厚约 2mm 的金刚石微粒层中溶浸得相当充分且均匀，并在与原放置金属圆片相对的另一端面外侧形成约厚几十微米的新的 Co 层。特别是在 $20\sim30\mu m$ 的金刚石微粉层中几乎没有未被 Co 溶浸的空隙。

图 4-4 为样品 A1、B1、C1 的径向剖断研磨面的反射电子像，在相同的烧结压力和温度下，经历同样时间后，在 $0\sim1\mu m$ 的金刚石微粒层中 Co 含量非常少，且分布不均，样品在磨削中出现裂纹。在 $5\sim10\mu m$ 和 $20\sim30\mu m$ 的金刚石微粒层中，Co 含量明显增多，且分布均匀，样品无裂纹。对比说明，在同样压力和温度下，原料金刚石粒度越大，液相 Co 的溶浸就越容易进行。

根据前述实验结果，可做出以下定性描述：首先，当金刚石与 Co 叠层体系处于高压下时，金刚石微粒间空隙中的压力相对较低，当温度上升到共熔点以上时，液相 Co 便开始在压力差的驱动下向金刚石晶粒间空隙溶浸。一方面，金刚石微粒的粒度越大，晶粒间空隙越大，就越有利于液相 Co 的溶浸；另一方面，温度越高，液相 Co 的黏度越低，就越容易向微小空隙中溶浸。可以认为，这就是实验中显示趋势（金刚石微粒粒度越大，温度越高，液相 Co 在金刚石微粒层中的分布越多、越均匀）的基本原因。

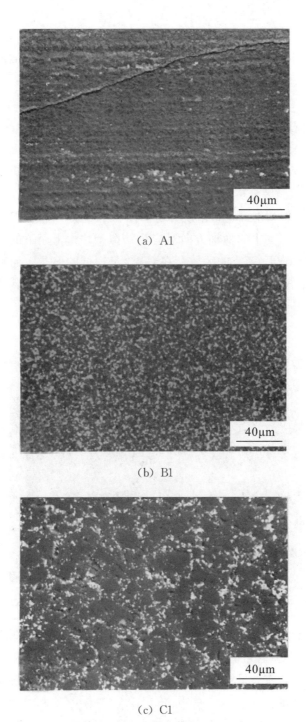

（a）A1

（b）B1

（c）C1

图 4-4　样品 A1、B1、C1 径向剖断研磨面的反射电子像

需要注意，在亚微米级金刚石微粒中，液相金属的溶浸行为还应该涉及二次团粒中晶粒间的表面自由能与液相 Co 接触处界面自由能之间的关系，这一方面的问题将放在第 7 章讨论。

4.1.5　金刚石微粒层中钴的浓度分布[11]

为了进一步研究在液相 Co 充分溶浸的金刚石微粒层中 Co 的浓度分布，采用 X 射线能散微区分析（Energy Dispersive X-ray micro-analysis，EDX）对样品的径向剖断研磨面进行浓度分析。图 4-5 显示了样品 B3 界面附近 Co 的浓度分布曲线，图中的横轴方向对应烧结体圆片由上至下的方向。如图所示，在最接近 Co 层（A）的区域存在 Co 含量很低的 B 层，而在与此紧邻的区域则存在 Co 含量较高的 C 层，C 层中 Co 含量逐渐降低，其浓度趋于样品中部区域，即 Co 含量较低且分布均匀的 D 层。

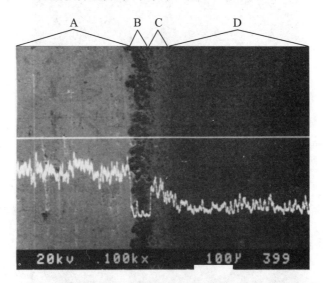

图 4-5　样品 B3 界面附近中 Co 的浓度分布（EDX 所测 Co 的 K_a 线强度）

在所有实验样品中，金属 Co 与金刚石微粒层之间的界面附近均有类似分布现象，即存在 Co 含量低和 Co 含量高的相邻两层。进一步观察发现，在 Co 含量低的一层中，有大量粗大的金刚石晶粒存在。关于这种特别的界面现象将在第 6 章详细讨论。

如前所述，液相 Co 在金刚石微粒层中溶浸贯穿之后，只有一部分 Co 会留在金刚石微粒层空隙内，另一部分 Co 则在金刚石微粒层外侧（与原 Co 层相对的一面）集结，形成几十微米到几百微米厚的新的 Co 层。而且在金刚石微粒层内靠近新 Co 层的附近区域，同样呈现与 B 层和 C 层相对称的 Co 含量少与 Co 含量多的两层。这种现象与金属 Co 片放在上面或下面无关，说明液相 Co 的溶浸行为与重力作用关系不大。图 4-6 为样品 B3 径向剖断研磨面的反射电子像。

原Co层　　金刚石微粒层　　新Co层

图 4-6　样品 B3 径向剖断研磨面的反射电子像

值得注意的是，实验中所用 Co 片的体积都远超过金刚石微粒层间空隙总和，当 Co 形成液相之后，比重明显轻的金刚石晶粒并没有分散在 Co 中或沿着垂直方向上浮，而是晶粒彼此聚集在一起，只有少量的 Co 在晶粒间空隙中残留下来，其余 Co 则被排出到金刚石层之外。可以认为，这种现象说明在 Co 溶浸的同时，金刚石晶粒之间已经开始烧结。也可以认为，液相 Co 在金刚石烧结体中渗入的浓度是有一定限度的，这一限度可能受到温度、压力和金刚石粒度等因素的影响。如果超过这一限度，体系可能只是某种黏结体，而不是真正的烧结体。

4.1.6　压力对金刚石晶粒层中钴含量的影响[11]

如前所述，无论周围 Co 含量有多大，金刚石晶粒层中 Co 含量是有一定限度的，多余的 Co 被排出金刚石晶粒层。而在某种温度、压力条件下，金刚石烧结后存留在烧结体中的 Co 含量应该是一定的。因此，我们研究了不同压力下金刚石烧结体中的 Co 含量。

图 4-7 分别为 5.8GPa、6.5GPa、7.7GPa 压力下实验样品 B3、E1、E2 径向剖断研磨面的反射电子像。在相同温度下烧结相同时间后所得样品中，Co 含量随合成压力增高而明显减少。其原因可以认为是压力越高，样品中金

刚石晶粒的塑性形变越充分，导致晶粒间空隙越少，可供 Co 溶浸的空间越小；另外，压力越高，金刚石微粒表面因应力不均而引起的表面自由能差异越大，当液态溶媒 Co 浸渗后，晶粒间的溶解－再结晶过程就越容易进行，导致金刚石晶粒间形成更多的直接结合，而晶粒间留下的可供 Co 存留的空隙就越小。总之，金刚石晶粒层中 Co 的溶浸行为与金刚石晶粒本身的烧结行为是相互影响并密切相关的。

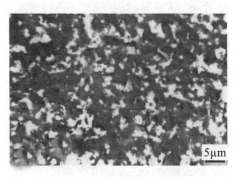

（a）B3（压力 5.8GPa）

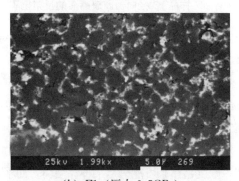

（b）E1（压力 6.5GPa）

（c）E2（压力 7.7GPa）

图 4-7 样品 B3、E1、E2 径向剖断研磨面的反射电子像

4.2　金刚石与铁叠层烧结中铁的溶浸行为

4.2.1　基本思路与实验方法

Fe 与 Co 和 Ni 是同族元素，且都是石墨转变为金刚石的溶媒物质，但关于以 Fe 为助剂合成金刚石烧结体的实验报道非常少，所取得的样品未能形成烧结体、合成的样品中存在许多裂纹或形成多孔结构[12]，即未能合成较为理想的金刚石烧结体。实际上，对于金刚石晶粒与 Fe 组成的简单体系的烧结行为还存在许多不清楚的问题。为此，我们采用金刚石晶粒与 Fe 叠层组装的方法研究这种体系的烧结行为。

图 4-8 为 5.7GPa 下的 C-Fe 二元相图[13]，该相图与 C-Co 二元相图相比更加复杂，主要是高温高压下存在 Fe 的碳化物相区，要使这种碳化物分解，温度需要在 1688K（1415℃）以上，相同压力下，金刚石与石墨的相平衡温度为 1830K（1557℃）。

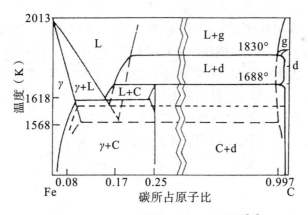

图 4-8　5.7GPa 下的 C-Fe 二元相图[13]

注：γ 表示 γ-Fe，C 表示铁的碳化物，L 表示液相，d 表示金刚石，g 表示石墨。

为了便于与金刚石加 Co 体系的实验结果进行对比，我们在金刚石晶粒与 Fe 叠层组装的实验中，选择了 5.8GPa 的压力，并参考 C-Fe 二元相图，选择温度 1450℃（1723K）～1550℃（1823K），属于含 C 的 Fe 溶液与金刚石共存的稳定范围。金刚石与 Fe 叠层体系的出发原料与实验条件见表 4-2。

表 4-2　金刚石与 Fe 叠层体系的出发原料与实验条件

样品号	金刚石原料粒度（μm）	烧结温度（℃）	压力（GPa）	烧结时间（min）
F1	5~10	1450	5.8	60
F2	5~10	1500	5.8	60
F3	5~10	1550	5.8	60
G1	20~30	1450	5.8	60
G2	20~30	1500	5.8	60
G3	20~30	1550	5.8	60
H1	0~1	1450	5.8	60
H2	0~1	1500	5.8	60
H3	0~1	1550	5.8	60
I1	5~10	1500	5.8	10
I2	5~10	1500	5.8	360

4.2.2　铁的溶浸行为与金刚石晶粒层的致密化

图 4-9 为采用粒度 20~30μm 金刚石与 Fe 叠层烧结所得样品 G1、G2、G3 的反射电子像。其中，烧结温度相对较低（1450℃）的样品 G1 中，溶浸到金刚石晶粒层的 Fe 含量很少，金刚石晶粒间空隙较多，组织松散，样品磨削阻抗相当低。与此相比，烧结温度为 1500℃ 和 1550℃ 的样品 G2 和 G3 中，Fe 的溶浸较充分，金刚石晶粒间空隙很少，样品磨削阻抗高。可以认为在温度较高的样品中，金刚石晶粒间形成了较多的直接结合。

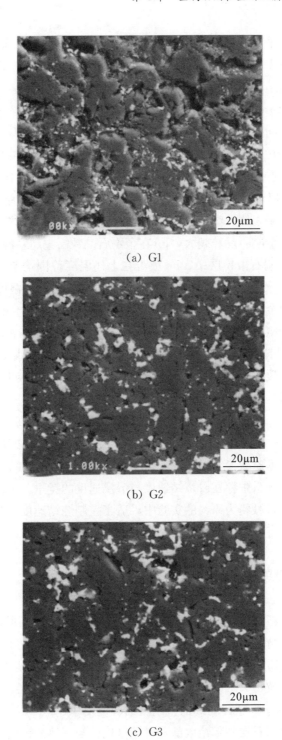

(a) G1

(b) G2

(c) G3

图 4-9 样品 G1、G2、G3 径向剖断研磨面的反射电子像

这种倾向在采用 $5\sim10\mu m$ 金刚石微粉为出发原料的样品 F1、F2 和 F3 中也同样存在，在 1500℃ 和 1550℃ 烧结温度下所得样品 F2 和 F3 显示出均匀、致密的多晶烧结结构。

在采用 $0\sim1\mu m$ 粒度等级金刚石微粉所得的样品中，虽然也能看出上述倾向，但在几种不同温度下烧结的样品中，Fe 的分布都不均匀。其中，1450℃ 烧结出样品 H1 中 Fe 含量很少，金刚石晶粒层内出现层状裂纹。在 1500℃ 和 1550℃ 烧结的样品 H2 和 H3 中，既有含 Fe 较多的区域，也有含 Fe 较少的区域，前者金刚石晶粒相对致密，后者金刚石晶粒间空隙较多，整体结构不均匀。

以上实验结果表明，温度越高，Fe 在金刚石晶粒层内的溶浸越容易进行。而相同温度下，金刚石晶粒越大，Fe 在金刚石晶粒层中越容易溶浸。但在 $0\sim1\mu m$ 粒度等级金刚石微粉层中，Fe 很难在上述温度范围均匀地溶浸。这些在金刚石晶粒与 Fe 叠层烧结实验中所表现出的倾向，可称为温度效应和晶粒效应。这些效应和金刚石与 Co 叠层烧结实验中所观察到的基本相同。

此外，在金刚石与 Fe 叠层烧结实验中，还能观察到一种现象：如图 4－10 所示，在原料粒度为 $5\sim10\mu m$ 的样品 F1 靠近 Fe 层的区域，存在厚几十微米的金刚石晶粒致密烧结层，而在接下来相邻的金刚石区域中几乎没有 Fe 存在，晶粒间显示为未烧结的状态。

这种现象的原因是：金刚石晶粒越小，表面自由能越高，在溶媒作用下，其溶解－再结晶过程进行得越快，随着晶粒间直接结合的快速形成，已烧结区域内晶粒间空隙迅速减少，以至于阻碍了液态 Fe 在金刚石晶粒层进一步均匀溶浸。可以说，体系中存在着烧结速度与溶浸速度的竞争。因此可以认为，在使用细粒度金刚石微粉为原料的实验中，适当控制烧结速度，对于金属溶媒的均匀溶浸应该是有帮助的。

4.2.3 样品中铁的浓度分布及 Fe_3C 的形成

在采用金刚石与 Fe 叠层烧结的所有样品中，回收样品的原 Fe 层均与金刚石晶粒层完全分离。作为粒度适中且烧结均匀的例子，图 4－11 显示样品 F2 的径向剖断研磨面上 Fe 的浓度分布情况。在接近原 Fe 层的金刚石晶粒表层，存在一层晶粒粗大（明显大于原料晶粒）的晶粒密集层，其中 Fe 含量非常少；与之相邻的厚约 $100\mu m$ 的金刚石细粒度层中，Fe 含量开始很高，然后逐渐降低，在金刚石层中部绝大部分区域呈现均匀一致的浓度。另外，在与原 Fe 层相对的金刚石晶粒层外侧，形成了新 Fe 层（回收时新 Fe 层也分离），在其界面附近仍然存在与原 Fe 层面附近相对称的 Fe 的浓度分布，即 Fe 含量少与多的相邻两层，其中 Fe 含量少的区域内金刚石晶粒明显粗大，这种现象和金刚石与 Co 叠层烧结的实验结果非常类似。

（a）径向剖断磨削面的反射电子像

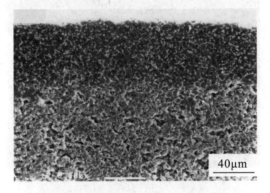

（b）径向剖断磨削面的二次电子像

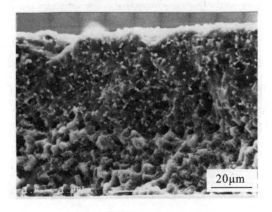

（c）径向剖断面的二次电子像

图 4—10　样品 F1 的界面附近组织形貌

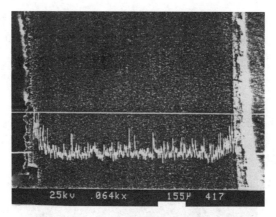

（a）径向剖断研磨面（左方靠近原 Fe 层，右方靠近新 Fe 层）

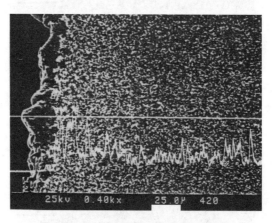

（b）靠近原 Fe 层附近的金刚石晶粒层

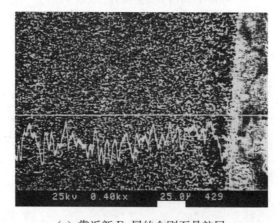

（c）靠近新 Fe 层的金刚石晶粒层

图 4-11　样品 F2 中 Fe 的浓度分布（EDX）

将样品 F1、F2、G2、G3 轴向磨削面用 XRD 进行分析，结果显示，这些样品中均存在相当多的 F_3C。作为例子，图 4-12 给出样品 G3 的 XRD 检测结果，可以看到，除金刚石外，几乎全是 F_3C 的衍射峰。而根据 Fe-C 二元相图，在实验所选择的温度下，F_3C 应该完全分解了，因此可以认为，所检测到的 F_3C 是在温度下降过程中形成的。

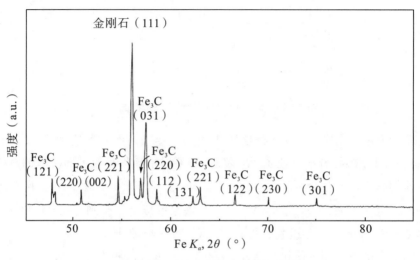

图 4-12　样品 G3 的 XRD 检测结果

4.3　金刚石与镍（及镍合金）叠层烧结中镍的溶浸行为

4.3.1　实验方法

Ni 与 Co 和 Fe 是同族元素，Ni 及其合金也是合成金刚石常用的溶媒物质。作为类比实验，我们对高温高压下金刚石晶粒分别与 Ni 或 Ni 合金（$Ni_{70}Mn_{25}Co_5$）叠层烧结的相关行为进行了研究[14]。图 4-13 是 5.4GPa 下的 C-Ni 二元相图[15]。

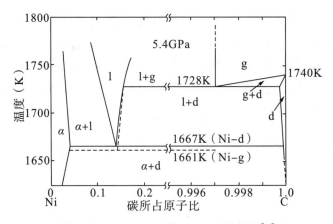

图 4-13   5.4GPa 下的 C-Ni 二元相图[15]

实验方法与金刚石与 Co 叠层体系相同。金刚石原料粒度为 $7 \sim 14 \mu m$ 和 $63 \sim 80 \mu m$（中国桂林矿产地质研究院），为了尽量排除晶粒表面吸附的氧或其他杂质的影响，部分金刚石原料经 10^{-3} Torr 真空 $500 ℃$ 处理 2h。叠层金属片为 Ni（纯度 99.999％）或 $Ni_{70}Mn_{25}Co_5$，叠层厚度为：金刚石晶粒层厚 2mm，金属层厚 0.5mm。样品组装如图 3-5（a）和图 4-2 所示。

实验在国产六面顶压机（DS6×800A）上进行，压力为 6.3GPa。考虑到该压力下金刚石与 Ni 的共熔点应该比 5.4GPa 下的共熔点 1394℃（1667K）更高，实验温度选择 1440~1650℃。烧结时间为 3~40min，与前两类体系的实验相比，烧结时间较短。

金刚石与 Ni 或 $Ni_{70}Mn_{25}Co_5$ 叠层体系的出发原料与实验条件见表 4-3。

表 4-3   金刚石与 Ni 或 $Ni_{70}Mn_{25}Co_5$ 叠层体系的出发原料与实验条件

样品号	金刚石原料粒度（μm）	叠层金属	压力（GPa）	烧结温度（℃）	烧结时间（min）
J1	7~14	Ni	6.3	1440	3
J2	7~14	Ni	6.3	1600	10
J3	7~14	Ni	6.3	1620	10
K1	63~80	Ni	6.3	1620	10
K2	63~80	Ni	6.3	1620	5
K3	63~80	Ni	6.3	1620	20
L1	63~80*	Ni	6.3	1620	5
L2	63~80*	Ni	6.3	1650	40

续表

样品号	金刚石原料粒度（μm）	叠层金属	压力（GPa）	烧结温度（℃）	烧结时间（min）
L3	63～80*	Ni	6.3	1650	20
M1	7～14*	Ni	6.3	1620	40
M2	7～14*	$Ni_{70}Mn_{25}Co_5$	6.3	1620	40

注：* 金刚石原料经真空处理。

4.3.2　实验结果与讨论

与前两类（含 Co 或含 Fe）实验相比，金刚石与 Ni 或 $Ni_{70}Mn_{25}Co_5$ 叠层烧结的实验在高温高压下保持的时间都明显较短，大部分样品中，金属溶媒的溶浸不是很充分。但在相同温度、压力条件下，时间越长，溶媒金属在样品中溶浸的范围越宽。此外，温度越高，或金刚石晶粒越粗，溶媒金属在金刚石晶粒层中溶浸得越充分。这些溶浸行为的趋势与 Co 或 Fe 在金刚石晶粒层中的情况相似。

对比实验显示，对于经真空处理的金刚石晶粒，Ni 及其合金在其中的溶浸行为并没有表现出特别的不同。例如，样品 L1 与 K2 分别是金刚石晶粒经过真空处理或未经过处理的两种样品，尽管其他烧结条件都相同，但所得样品中 Ni 的分布基本一致。其原因是：Ni 与 Co 和 Fe 一样，都是金刚石合成的溶媒物质，在溶浸过程中，液态金属在对金刚石表面碳原子产生溶解作用的同时，也能将晶粒表面所吸附的氧或其他杂质清除干净，起到与真空处理相似的作用，在金刚石粒度不太小的情况下，其溶浸效果与在真空处理后金刚石晶粒中没有明显差异。

在相同条件下，$Ni_{75}Mn_{25}Co_5$ 比 Ni 显得更容易在金刚石晶粒层中溶浸。例如，在样品 M2 中，$Ni_{75}Mn_{25}Co_5$ 在厚 2mm 的金刚石晶粒层中完全溶浸，而相同条件下所得样品 M1 中，Ni 只溶浸到金刚石晶粒层的中部，约深 1.2mm 处。这可能是由于在高温高压下 $Ni_{75}Mn_{25}Co_5$ 具有比 Ni 更低的熔点，与金刚石晶粒表面具有更良好的浸润性。尽管关于高温高压下不同液相金属对金刚石晶粒表面浸润性相关的基础数据还需更深入考察（如接触角等），但仅从本系列实验结果来看，可认为这两种液相金属对金刚石表面存在浸润难易程度的差别。

对所得样品中 Ni 的浓度分布进行研究，其结果与金刚石与 Co 叠层烧结类似。本组实验的所有样品都显示，在金刚石晶粒层中与金属层靠近的区域，都存在金属含量少与金属含量多的相邻两层；且在最靠近界面金属含量少的晶粒层中，金刚石晶粒粒度明显变大。在使用 $Ni_{75}Mn_{25}Co_5$ 的样品中，Mn 和 Co 的分布也与 Ni 一样呈现相同的分布情况。

XRD 分析结果显示，在金刚石与 Ni 或 $Ni_{75}Mn_{25}Co_5$ 叠层烧结的所有样品中，均未发现任何金属碳化物生成。

4.4　小结

(1) 本章实验采用金刚石与 Co、Fe、Ni 单质金属或 $Ni_{75}Mn_{25}Co_5$ 叠层烧结，实验的压力和温度选择在金刚石热力学稳定区范围内，且温度在溶媒金属与碳的共熔点以上。

(2) 实验结果表明，金刚石晶粒粒度越大，溶媒金属越容易溶浸。但在 $1\mu m$ 以下的金刚石晶粒中，存在大量二次团粒，阻碍了溶媒金属的均匀溶浸。

(3) 温度越高，溶媒金属在金刚石晶粒层中溶浸得越充分。

(4) 压力越高，所得金刚石烧结体中的金属溶媒含量越少。

参考文献

[1] Katzman H，Libby W F. Sintered diamond compacts with a cobalt binder [J]. Science，1971 (172)：1132.

[2] Akaishi M，Kanda H，Sato Y，et al. Sintering behaviour of the diamond-cobalt system at high temperature and pressure [J]. Journal of Materials Science，1982 (17)：193.

[3] Notsu Y，Takajima T，Kawai N. Sintering of diamond with cobalt [J]. Materials Research Bulletin，1977 (12)：1079.

[4] Wentorf R H，Rocco W A. Diamond tools for machining [P]. U.S.：3745623，1973-07-17.

[5] Wentorf R H，Rocco W A. Cubic boron nitride/sintered carbide abrasive

bodies [P]. U. S.：3767371，1973－10－23.

[6] Wentorf R H，DeVries R C，Bundy F P. Sintered superhard materials [J]. Science，1980 (208)：873－880.

[7] Strong H M，Tuft R E. The cobalt－carbon system at 56 kilobars [J]. G. E. Technical Report，1974 (74)：118.

[8] Hibbs L E，Wentorf R H. High pressure sintering of diamond by cobalt infiltration [J]. High Temperatures－high Pressures，1974 (6)：409.

[9] Akaishi M，Kanda H，Sato Y，et al. Sintering behaviour of the diamond－cobalt system at high temperature and pressure [J]. Journal of Materials Science，1982 (17)：193.

[10] Akaishi M，Sato Y，Setaka N，et al. Effect of additive graphite on sintering of diamond [J]. American Ceramic Society Bulletin，1983，62 (6)：689.

[11] Hong S M，Akaishi M，Kanda H，et al. Behaviour of cobalt infiltration and abnormal grain growth during sintering of diamond on cobalt substrate [J]. Journal of Materials Science，1988 (23)：3821.

[12] Kuge S，Shikata I，Nishida N，et al. Preparation of sintered diamond with metallic additives [C]. Kobe：Program and Abstracts，The 28th High Pressure Conference of Japan，1987：148－149.

[13] Strong H M，Chrenko R M. Diamond growth rates and physical properties of laboratory － made diamond [J]. Journal of Physical Chemistry，1971，75 (12)：1838－1843.

[14] 洪时明，罗湘捷，陈树鑫，等. D－D 结合型金刚石聚晶的高压合成 [J]. 高压物理学报，1990，4 (2)：105－113.

[15] Strong H M，Hanneman R E. Crystallization of diamond and graphite [J]. Journal of Chemical Physics，1967 (46)：3668.

第5章　溶媒作用下金刚石晶粒
的溶解－再结晶行为

5.1　金刚石晶粒间直接结合的评价问题

采用添加金属溶媒的金刚石液相烧结方法，期待通过溶媒对金刚石晶粒表面的溶解－再析出过程，在金刚石晶粒之间形成尽可能多的直接结合（D－D结合）。但现实情况是，关于D－D结合的准确定义及评价方法在工业生产和技术工作中并未形成统一标准，基本还处于经验状态。理论上，D－D结合通常被理解为金刚石晶粒表面碳原子与相邻晶粒表面碳原子间相互形成的 sp^3 共价键连接，晶界上这种共价键越多，D－D结合就越多。在实验方面，过去对金刚石烧结体晶界微观结构观察的报道非常有限[1-3]。近年来，高分辨电镜技术的发展使晶界微观结构的观察与分析成为可能，取得了许多具有重要科学价值的成果。例如，田永君等[4-7]在金刚石纳米多晶块体的晶界微观结构方面有一系列重要发现。

对于粒度为几微米到近百微米的晶粒烧结而成的大块金刚石烧结体，晶界微观结构及其分布可能更加复杂，要制作出可供高分辨电镜观察的样品，选择最有代表性的视场，以及判断某种晶界结构在样品中所占比例等，仍有相当大的技术难度。

实际上，在有金属溶媒参与的金刚石烧结过程中，金刚石晶粒的位移、碳原子的沿面扩散及晶粒表面的溶解－再析出过程等都能帮助碳原子转移，结果常表现为在原本相互孤立的晶粒之间形成相互连接的组织（简称"连续相"）。通过对样品的剖断面、研磨面及酸处理除去金属后金刚石组织细观形貌的观察和分析（如光学显微镜、扫描电镜等），也可以显示金刚石晶粒之间连续相的许多特征。这种连续相的存在是晶粒间 D—D 结合的前提。

D—D 结合与金刚石—金属之间的黏结完全不同，具有强得多的结合力。样品的硬度、耐磨性、热传导率、电阻等性质都与金刚石烧结体中晶粒间的结合状态密切相关[8]，因此，可以通过测定这些物理性能，对金刚石烧结体内晶粒间直接结合的有无或多少等进行间接评价。

总之，在有金属溶媒存在的金刚石晶粒体系中，高温高压下液相金属对金刚石晶粒间形成 D—D 结合起着重要作用。基于这种考虑，第 4 章着重讨论金属在金刚石晶粒体系中的溶浸行为。本章将着重考察金刚石晶粒在烧结过程中的变化，特别是与金刚石溶解—再析出相关的特征，以及样品中形成 D—D 结合的可能性。除对第 4 章中金刚石烧结行为继续进行分析外，还调查了不均一粒度金刚石混合体系在金属溶媒作用下的烧结行为，包括微小晶粒的溶解及在粗大晶粒间再析出并形成晶粒间连续相的行为。另外，还调查了取向一致排列的粗大晶粒的烧结行为等。基于这些结果，探讨金刚石晶粒间形成直接结合的可能性及条件。

5.2　金刚石晶粒间连续相的观察与分析

根据第 4 章实验，金刚石晶粒与 Co、Fe、Ni（或 Ni 合金）叠层烧结所得样品的分析表征结果显示，金刚石晶粒粒度和所采用的金属不同，以及烧结条件不同，金属溶媒在金刚石晶粒层溶浸的范围也有许多不同。尽管如此，所有样品都显示出一个共同特征：凡是金属溶媒均匀溶浸的区域，金刚石晶粒的形貌都有明显变化。

图 5-1（a）（b）分别为金刚石晶粒与 Co 叠层烧结（表 4-1）所得样品 B3 的剖断面及原料金刚石晶粒（5~10μm）的二次电子像（SEI）。比较可知，经高温高压（1450℃、5.8GPa、60min）烧结后的 B3 样品中，金刚石晶粒的形貌已发生明显变化，还可发现在晶粒间形成许多相互连接的颈状组织。这种变化导致晶粒间空隙减少，整个烧结体中金刚石组织致密化。同样的形貌变化在采用其他几种金属烧结的实验样品中也能观察到，且普遍存在压力或温度越高，所得样品中金刚石组织的致密程度越高的倾向[9]。

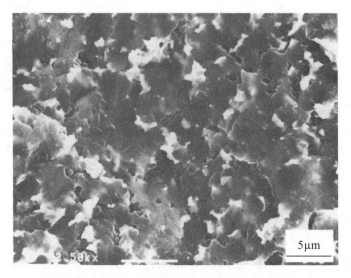

（a）样品 B3 剖断面的二次电子像

（b）原料金刚石晶粒的二次电子像

图 5-1　样品 B3 剖断面及原料金刚石晶粒的二次电子像

图 5-2 中 a、b 和 c、d 分别为金刚石晶粒与 Ni 和 $Ni_{70}Mn_{25}Co_5$ 叠层烧结（表 4-3）所得样品 M1、M2 酸处理后剖断研磨面的二次电子像。样品原料金刚石粒度均为 4~7μm，烧结温度 1620℃，压力 6.3GPa，烧结时间 40min。可以看到，当金属经酸处理被除去之后，剩下的金刚石组织相当致密，很难区分原料金刚石晶粒的边界，晶粒间形成许多彼此连接的部分[10]。

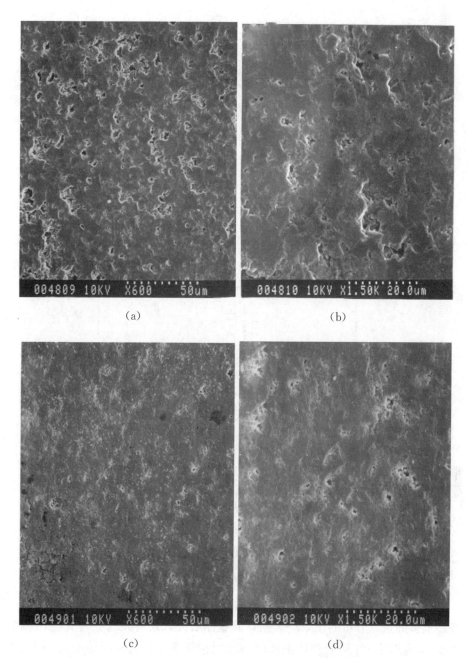

图 5-2　样品 M1 ［（a）（b）］、M2 ［（c）（d）］酸处理后剖断研磨面的二次电子像[10]

对样品 M1 和 M2 酸处理前剖断研磨面进行 XRD 分析，如图 5-3 所示。结果表明，除金刚石和原金属的衍射峰以外，并没有发现任何石墨或其他生成物的痕迹。这说明新形成的晶粒间连接组织中并不含其他物质。

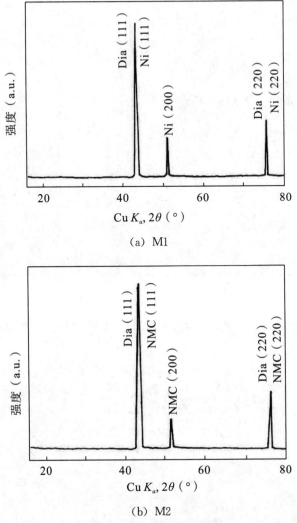

（a）M1

（b）M2

图 5－3　样品 M1 和 M2 酸处理前剖断研磨面的 XRD 图谱

注：Dia 代表金刚石，NMC 代表 $Ni_{70}Mn_{25}Co_5$。

进一步对样品 M1 和 M2 酸处理后剖断研磨面进行微区拉曼散射分析，在样品上多处选点分析的结果均表明，除金刚石外，没有发现任何其他相存在。图 5－4 为样品 M1 酸处理后剖断研磨面的拉曼光谱。这样的分析进一步支持了在 SEI 中所观察到的金刚石晶粒间连接组织的成分均为金刚石单相。因此，有理由将这样的连接组织称为晶粒间连续相。

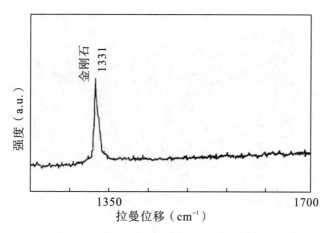

图 5-4　样品 M1 酸处理后剖断研磨面的拉曼光谱

　　金刚石与 Fe 叠层烧结的样品也有类似情况，图 5-5（a）（b）（c）分别为样品 H2、F2、G2 酸处理后剖断研磨面的二次电子像，原料金刚石粒度分别为 $0\sim1\mu m$、$5\sim10\mu m$ 和 $20\sim30\mu m$，烧结条件均为 1500℃、5.8GPa、60min。烧结后，样品中晶粒形貌变化很大，晶粒间形成了大量的连接组织。按照 4.2 节所述，XRD 分析表明样品中明显存在 Fe_3C，但在二次电子像（SEI）及反射电子像（BEI）中，均未发现因原子序数效应而带来的有 Fe 元素存在的高光区域，特别是在晶粒间连接组织中没有观察到任何高光趋势，不能证明晶粒间连接组织内有 Fe_3C 相对集中的区域存在。因此，我们认为，回收样品中检测到的 Fe_3C 是在降温过程中生成的，主要集中在溶液中，酸处理后大部分能被除去，即使有少量 Fe_3C 残留，也只是均匀地分布在烧结后的金刚石组织的表面。总之，实验结果仍能支持如下判断：在金刚石晶粒与 Fe 叠层烧结的样品中，金刚石晶粒间形成的大量连接组织也只由金刚石单相组成。

　　在金刚石晶粒与不同金属叠层烧结的所有样品中，金刚石晶粒间连续相都出现在金属溶浸的区域，而在金属未溶浸的区域完全找不到这种晶粒形貌改变的迹象。这说明，金刚石晶粒间连续相的形成与金属溶媒有密切关系。可以认为，溶媒金属通过对金刚石表面的溶解—再析出促进碳原子的输运，导致晶粒间连续相的形成。

（a）H2

（b）F2

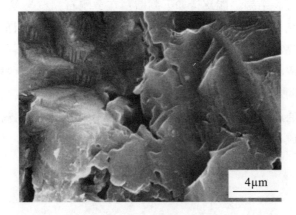

（c）G2

图 5-5　样品 H2（a）、F2（b）、G2（c）酸处理后剖断研磨面的二次电子像

此外，对于金刚石晶粒间大量形成连续相的样品，无论是酸处理前或酸处理后，均表现出相当高的抗磨削性能、很高的硬度及研磨面上同等的光亮度。可见除金属或中间生成物的黏结作用外，金刚石晶粒间具有很强的结合力。由此可推测，金刚石晶粒间连续相中形成了大量 D−D 结合。

5.3　不均一粒度金刚石晶粒的烧结行为[11]

在金刚石晶粒与金属叠层烧结的实验中，所采用金刚石的粒度分布在某一范围内基本均匀，可称为均一粒度。但在烧结后的样品中，常能观察到一些比出发原料粒度小得多的金刚石颗粒，这是金刚石晶粒体系在预先承受高压的过程中，因晶粒微区应力不均，引发局部破损而产生的碎片。作为一个关注点，我们调查了金刚石晶粒间微细晶粒在烧结过程中的行为。

考虑到金刚石晶粒越小，其表面自由能越高，因此，在液相金属溶媒存在的情况下，越细小的晶粒越容易溶解。如果将两种不同粒度的金刚石晶粒混合，并用金属溶媒作为烧结助剂，则有可能观察到细粒度金刚石更容易溶解，并在粗粒度金刚石表面再析出的趋势。为此，进行了以下模拟实验[11]。

将粒度标号为 $5\sim10\mu m$ 的金刚石晶粒与 $0\sim1\mu m$ 的金刚石微粉按 3∶1 的重量比混合，并按 15vol％ 的体积比加入标号为 30nm 的 Co 超细微粉。在一部分实验中，粗粒度的金刚石晶粒预先在 500℃ KNO_3 中进行表面腐蚀处理 30min，再用蒸馏水洗净，充分干燥后使用。这些原料按以下方法均匀混合：首先向混合粉末中加入适量苯，在装有聚醛树脂衬套的振动滚筒式混料机中进行 30min 的湿式混合。然后在空气中干燥，将干燥后的混合粉末在 400MPa 下成型为一定厚度的圆片，最后在 500℃ 下真空处理 2h，供高压烧结实验用。混合粒度样品组装如图 5−6 所示，出发原料与烧结条件见表 5−1。

实验结果显示，所有以不均一粒度金刚石与 Co 粉混合体系为出发原料的样品，经在表 5−1 中温度、压力条件下烧结之后，具有相当高的抗磨削性，其研磨面均具有很好的光泽度，用 XRD 没有检测出任何石墨的痕迹。

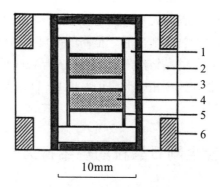

1-NaCl；2-NaCl+10wt％ ZrO₂；3-石墨加热管；4-样品；5-Ta 箔；6-钢环

图 5-6　不均一粒度样品组装示意图[11]

表 5-1　不均一粒度金刚石与 Co 粉混合体系的出发原料与烧结条件[11]

样品号	出发原料（15vol％ Co）			烧结条件（5.8GPa）	
	粗粒度金刚石（μm）	细粒度金刚石（μm）	混合比（wt）	温度（℃）	时间（min）
N1	5～10	0～0.5	3∶1	1500	60
N2	5～10	0～0.5	3∶1	1550	60
O1	5～10*	0～0.5	3∶1	1500	60
O2	5～10*	0～0.5	3∶1	1550	60
P1	5～10*	0～0.5	3∶1	1550	15
P2	5～10*	0～0.5	3∶1	1550	30
P3	5～10*	0～0.5	3∶1	1550	240

注：* 粗粒度金刚石晶粒预先在 500℃ KNO₃ 中进行表面腐蚀处理 30min。

　　如表 5-1 所示，表面腐蚀处理过的粗粒度与细粒度金刚石及 Co 的混合体系，在 5.8GPa 和 1550℃条件下做了四种不同烧结时间的对比实验，分别为 15min、30min、60min 和 240min。P1 和 P3 样品的剖断面经酸处理后的二次电子像显示在图 5-7。烧结时间为 15min 的 P1 样品中，在粗粒金刚石晶粒之间有许多细粒金刚石，附着在粗粒金刚石表面的细粒金刚石并不多；在烧结时间为 30min 的样品 P2 中，大量细粒度金刚石附着在粗粒金刚石表面。在烧结时间为 60min 的样品 O2 中，细粒度金刚石明显减少，且几乎都附着在粗粒度金刚石晶粒表面。在烧结时间为 240min 的样品 P3 中，细粒度金刚石几乎完全消失。

　　上述结果表明，在不均一粒度金刚石晶粒与 Co 粉混合烧结的过程中，随着时间推移，细粒度金刚石首先被吸附在粗粒度金刚石晶粒表面，然后逐渐与粗粒度金刚石结合，最后完全成为粗粒度金刚石的一部分。

图 5-7　样品 P1〔（a）（b）〕、P3〔（c）（d）〕剖断面经酸处理后的二次电子像[11]

图 5-8 为细粒度金刚石在烧结中消失过程的假想图。首先，液相金属溶媒充分溶浸的金刚石晶粒表面因碳的溶解而被清理得非常干净，同时液相金属溶媒也使金刚石晶粒（特别是细小晶粒）表面受力相对均匀，比较容易移动。这样，当细粒度金刚石接触到粗粒度金刚石表面，调整其相对位置，使其晶面取向彼此有一定对应关系时，晶粒表面的碳原子间则可能在细小的局部形成直接结合。一旦形成晶粒间局部的直接结合，细粒度金刚石的位置便更加稳定〔图 5-8（a）〕。随着时间推移，因金刚石在溶媒中的溶解—再结晶，在晶粒间局部的直接结合处周围则有更多碳原子不断析出，使晶粒间相互连接的区域逐渐扩大，以致形成金刚石晶粒间的颈状连接〔图 5-8（b）〕。随着细粒度金刚石与粗粒度金刚石结合部位继续扩展，细粒度金刚石完全成为粗粒度金刚石的一部分〔图 5-8（c）〕。

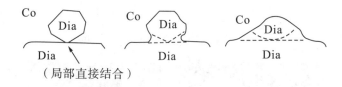

（a）晶粒吸附　　（b）连接生长　　（c）晶粒合并

图5-8　细粒度金刚石在烧结过程中消失过程的假想图

注：Dia 表示金刚石。

在不均一粒度金刚石晶粒与 Co 粉混合烧结的样品中，还可观察到粗粒度金刚石之间形成的连续相，形貌呈桥形连接。图5-9 给出了这种连续相的例子。由于体系中混有相当比例的细粒度金刚石，故粗粒度金刚石相互间接触点较少，且晶体位置调整困难。相比之下，这种粗粒度金刚石间的桥形连接组织不如细粒度金刚石合并到粗粒度金刚石中的情况那么普遍。

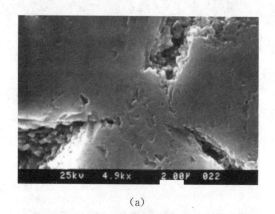

（a）

（b）

图5-9　样品 O1 酸处理后剖断研磨面的二次电子像

　　此外，还需要说明对粗粒金刚石表面腐蚀处理的效果。图 5-10(a)（b）（c）（d）分别表示样品 N2 和 O2 酸处理前、后剖断面的二次电子像。其中，采用未进行表面腐蚀处理的粗粒度金刚石为原料的混合体系，在 5.8GPa、1550℃下烧结 1h 后（样品 N2），在粗粒度金刚石间还有大量细粒度金刚石存在，且粗粒度金刚石的形貌没有明显改变。与此相比，采用进行过表面腐蚀处理的粗粒度金刚石为原料的混合体系，在相同压力、温度条件下烧结相同时间后（样品 O2），细粒度金刚石明显减少，剩下的细粒度金刚石几乎都连接在粗粒度金刚石表面，粗粒度金刚石本身的形貌也有很大改变。

（a）样品 N2 酸处理前剖断面的二次电子像

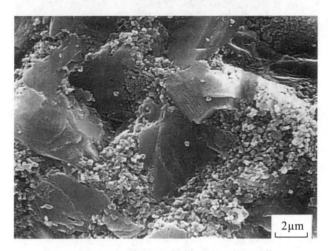

（b）样品 N2 酸处理后剖断面的二次电子像

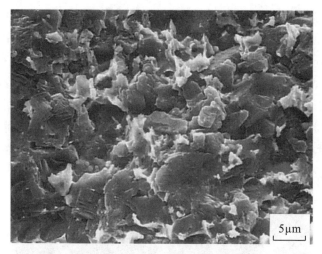

（c）样品 O2 酸处理前剖断面的二次电子像

（d）样品 O2 酸处理后剖断面的二次电子像

图 5−10　样品 N2、O2 酸处理前与酸处理后剖断面的二次电子像[11]

　　对比实验表明，粗粒度金刚石预先的表面腐蚀处理对于烧结过程中细粒度金刚石与粗粒度金刚石的连接与合并有明显促进作用。其原因为：一方面，表面腐蚀处理使粗粒度金刚石表面更加粗糙，表面自由能升高，更容易吸附细粒度金刚石以降低整体自由能；另一方面，表面腐蚀处理能使粗粒度金刚石原本单一取向的表面改变为大量复杂细小晶面的组合，这样粗糙的表面能提高细小晶粒择优取向附着于粗粒度金刚石并形成直接结合的概率。这也说明，要使金刚石烧结体中形成更多的 D−D 结合，应尽可能增加晶粒间的接触点。

5.4　粗粒度金刚石晶粒的烧结行为

关于粗粒度金刚石与 Co 混合体系经过长时间烧结后，在晶粒间形成桥形连接组织的现象，Park 等[12]有过报道，其观察与前述晶粒间连续相没有本质差别。但对于这类桥形连接组织的晶体取向等问题，没有进一步详细报道。事实上，对于粒度在几微米到几十微米的金刚石晶粒间连续相取向性的测定是非常困难的。为了观察金刚石晶粒间连续相的取向性，采用整齐排列的粗粒度金刚石进行烧结实验[13]。

首先，挑选一批粒度为 $300\sim500\mu m$ 的形状规整的金刚石单晶（美国通用电气公司产品），将这些晶体整齐地单层排列在金属 Co 片上，高温高压下进行叠层烧结实验。样品编号为 Q1，样品组装如图 5-11（a）所示。该样品在 5.8GPa、1550℃下烧结 6h，再用酸处理除去金属 Co，以进行观察。

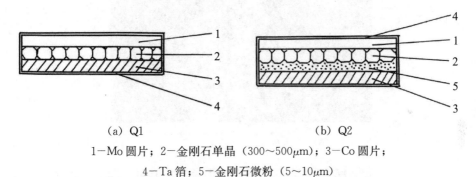

(a) Q1　　　　　　　　　　(b) Q2

1-Mo 圆片；2-金刚石单晶（$300\sim500\mu m$）；3-Co 圆片；

4-Ta 箔；5-金刚石微粉（$5\sim10\mu m$）

图 5-11　样品 Q1 和 Q2 的组装示意图[13]

结果，样品 Q1 分裂成了几块，每块都由多颗晶粒相互紧密连接组成，只是晶粒本身表面变得很粗糙，如图 5-12 所示。这种情况下要进一步观察晶粒及其连接部分的晶面取向等十分困难。分析认为，该叠层体系中 Co 含量过多，而粗大晶粒间只有平面方向的接触，液相金属形成后，要达到碳的饱和溶液状态，需要在金刚石晶粒表面溶解很多碳，使晶粒外形变化较大，且相互位置容易移动，不利于晶粒间形成致密的连续相。

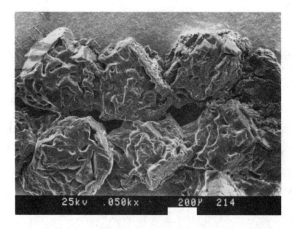

（a）

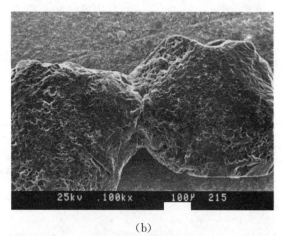

（b）

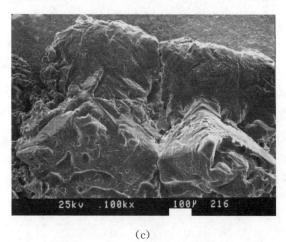

（c）

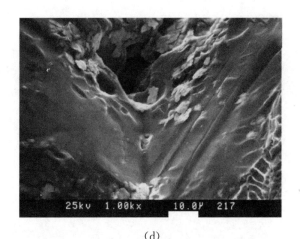

(d)

图 5−12　样品 Q1 酸处理后的二次电子像[13]

注：（d）为（c）的局部放大像。

为此，我们改进了样品组装，在 $300\sim500\mu m$ 金刚石单晶与 Co 片之间增加一层 $5\sim10\mu m$ 的金刚石微粉，作为碳的补给源，并将粗粒度金刚石尽可能按照 $\{100\}$ 面彼此贴合地排列，样品编号为 Q2。

图 5−11（b）为样品 Q2 的组装。该样品在 5.8GPa、1550℃下烧结 4h，所得样品为一个完整圆片，经酸处理后，其中的晶粒仍紧密地结合在一起。在精密磨床上用金刚石砂轮对圆片平面进行打磨，尽可能去掉残存的细粒度金刚石烧结体部分，只留下粗粒度金刚石单晶层部分。结果，在加工样品的过程中，当细粒度层基本磨完，样品厚度被打磨至接近 $300\mu m$ 时，在很强的切削阻力作用下，样品发生了断裂。图 5−13 为样品 Q2 酸处理后磨削面断裂片之一的光学显微镜照片。

值得注意的是，几乎所有断裂面都在金刚石单晶内部的解理面上，绝大多数是沿 $\{111\}$ 面方向裂开的，并没有观察到沿晶界的断裂。这种现象可以说明，在这样的烧结体中，金刚石晶粒间结合力比晶体内部解理面上的结合力更强。

（a）

（b）

图 5-13　样品 Q2 酸处理后磨削面断裂片的光学显微镜照片[13]

注：（b）为（a）的局部放大像。

　　打磨后的样品实为仅由一层单晶相互结合的多晶体，整体为透明的薄片，但这种样品并不能称为透光的多晶体，因为其透光区域基本处于单晶范围内。用光学显微镜观察样品的晶界部分，发现几乎所有晶界都是不透明的。这可能是因为晶界处聚集的许多缺陷或包裹体对透射光起散射作用。

　　图 5-14（a）为样品 Q2 酸处理后磨削面的二次电子像，样品上显示出一些细微的缝纹，主要分布在单晶的解理面上以及晶粒之间的界面上。图 5-14（b）为样品上两粒 {100} 面相互贴合的晶粒间界面区域的放大图，表明界面上存在金刚石的连续相，且有部分细微缝纹在某种程度上具有与单晶解理面一致的方向性。

(a)

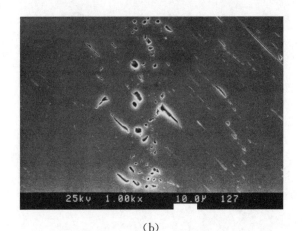

(b)

图 5-14　样品 Q2 酸处理后磨削面的二次电子像[13]

注：（b）为（a）的局部放大像。

为了调查金刚石晶粒间连续相的方向性，将样品 Q2 在 500℃的 KNO₃ 中腐蚀处理 5min，再用微分干涉显微镜和扫描电子显微镜对其进行观察。图 5-15 分别为样品 Q2 腐蚀处理前（a）、后［（b）（c）］磨削面的微分干涉显微镜的像。经腐蚀处理后，样品表面显现出大量的细微条纹，这些条纹的方向性与磨削痕迹的方向无关，而多数都倾向于与金刚石单晶解理面平行的方向。

在电子显微镜下进一步放大观察晶粒间连续相的腐蚀条纹，发现这些腐蚀条纹基本上相互平行。对于｛100｝晶面贴合较好的两晶粒间的连续相，其腐蚀条纹显示出与两侧晶体腐蚀条纹方向的一致性，如图 5-16（a）所示。对于晶面方向贴合得不好的两晶粒间的连续相，其显示出与某侧晶体方向一致的腐蚀条纹，如图 5-16（b）所示。

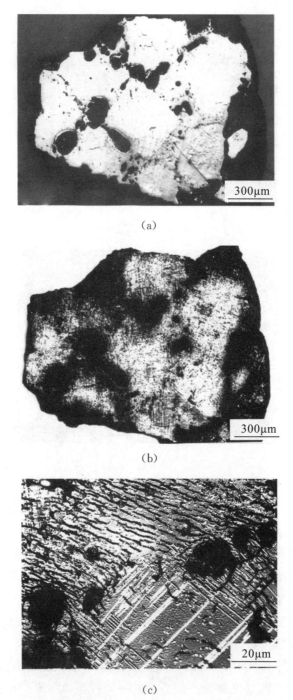

（a）

（b）

（c）

图 5-15　样品 Q2 腐蚀处理前〔（a）〕、后〔（b）（c）〕磨削面的微分干涉显微镜像[13]

注：（c）为（b）的局部放大像。

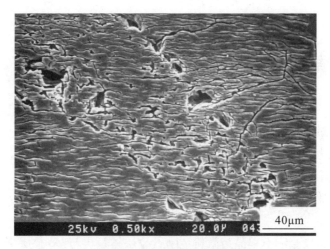

(a) 两侧晶粒晶面取向一致的情况

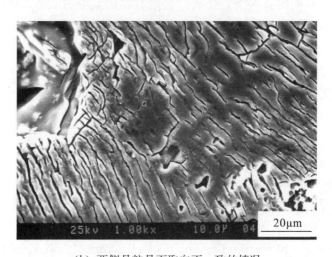

(b) 两侧晶粒晶面取向不一致的情况

图 5-16　样品 Q2 腐蚀处理后磨削面晶粒间连续相的二次电子像[13]

　　假设表面腐蚀条纹与晶体结构方向之间有某种关系，以上现象说明晶粒间连续相是金刚石晶体外延生长的结果，故金刚石的多晶烧结包含了大量的晶体生长过程。但在实际金刚石烧结体系中，晶粒间晶面完全贴合的概率极小，所以晶粒间连续相大多应与某侧晶粒方向一致，而在与另一侧晶体连接的部分则存在较多的缺陷或畸变等。实验表明，晶粒间具有很强的结合力，甚至超过其解理面，因此可以认为，尽管在晶粒间连续相中存在许多缺陷或畸变，仍然能形成相当多的晶粒间直接结合，即金刚石烧结体中的 D－D 结合是通过碳原子在金刚石晶粒间再析出的过程形成的。

5.5　小结

（1）通过对金刚石与 Co、Fe、Ni 及 $Ni_{70}Mn_{25}Co_5$ 叠层烧结实验样品的分析表征，认为实验样品中金刚石晶粒间形成了直接结合。

（2）在不均一粒度金刚石与 Co 混合体系的烧结实验结果中，观察到细粒度金刚石先附着在粗粒度金刚石表面，最终与粗粒度金刚石合并到一起的行为。

（3）粗粒度金刚石单晶与微粉金刚石叠层体系再与 Co 叠层烧结的实验表明，金刚石晶粒间的直接结合是通过金刚石在溶媒中的溶解－再析出过程形成的。

参考文献

［1］Yazu S，Nishikawa T，Nakai T，et al．TEM observation of microstructures of sintered diamond compacts ［M］//Comins N R，Clark J B．Specially steel and hardmaterials．Oxford：Pergammon Press，1983．

［2］DeVris R C，Robertson C．The microstructure of bollas（polycrystalline diamond）by electrostatic charging in the SEM ［J］．Journal of Materials Science letters，1985（4）：805－807．

［3］Walmsley J C．The microstructure of ultrahard material compacts studied by transmission electron microscopy ［J］．Materials Science and Engineering，1988（A105/106）：549－553．

［4］Huang Q，Yu D，Xu B，et al．Nanotwinned diamond with unprecedented hardness and stability ［J］．Nature，2014（510）：250－253．

［5］Xiao J，Yang H，Wu X，et al．Dislocation behaviors in nanotwinned diamond ［J］．Science Advances，2018，4（9）：8195．

［6］Nie A，Bu Y，Huang J，et al．direct observation of room-temperature dislocation plasticity in diamond ［J］. Matter，2020，2 (5)：1222−1232.

［7］ Yue Y，Gao Y，Hu W，et al.　Hierarchically structured diamond composite with exceptional toughness ［J］. Nature，2020 (582)：370−374.

［8］ 赤石實. 人造金刚石技术手册（I）［M］. 东京：科学论坛，1989：76−84.

［9］ Hong S M，Akaishi M，Kanda H，et al.　Behaviour of cobalt infiltration and abnormal grain growth during sintering of diamond on cobalt substrate ［J］. Journal of Materials Science，1988 (23)：3821−3836.

［10］ 洪时明，罗湘捷，陈树鑫，等. D−D 结合型金刚石聚晶的高压合成 ［J］. 高压物理学报，1990，4 (2)：105−113.

［11］ Hong S M，Akaishi M，Kanda H，et al.　Dissolution behaviour of fine particles of diamond under high pressure sintering conditions ［J］. Journal of Materials Science Letters，1991 (10)：164−166.

［12］ Park J K，Akaishi M，Yamaoka S，et al.　Formation of bridges between diamond particles during sintering in molten cobalt matrix ［J］. Journal of Materials Science，1992 (27)：4695−4697.

［13］ 洪时明. 高温高压下金刚石烧结过程及由 SiC−金属体系合成金刚石的研究 ［D］. 筑波：筑波大学，1995.

第6章　金刚石异常粒成长及影响因素

6.1　金刚石晶粒与金属叠层烧结中界面异常粒成长[1]

6.1.1　界面金刚石异常粒成长现象

在金刚石与Co、Fe、Ni（或Ni合金）叠层烧结的样品中，金属的浓度分布在界面附近出现异常（例如图4−5），即在最靠近金属层的地方金属含量非常少，而在与其相邻的部分金属明显增多，金属含量逐渐降低到均匀分布的中间层。本节侧重于相应区域中金刚石组织的变化。

图6−1（a）（b）分别为样品B3酸处理前、后剖断面在界面附近的二次电子像。

如图6−1所示，在金属含量很少的B层中，聚集着许多金刚石的粗大晶粒，晶粒尺寸比出发原料明显大得多，且晶粒间空隙较少，将其称为金刚石异常粒成长层。另外，在相邻的金属含量多的层中，金刚石晶粒尺寸明显变小（平均粒度小于出发原料），酸处理后可见大量的空隙。

为了获取更多有关金刚石界面异常粒成长层形成过程及其影响因素的依据，我们改变烧结时间、温度和原料粒度等进行实验调查。

(a) 酸处理前

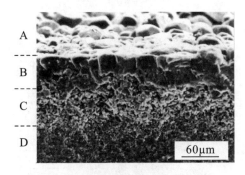

(b) 酸处理后

图 6-1　样品 B3 酸处理前、后剖断面在界面附近的二次电子像

注：原料粒度 5~10mm，烧结温度 1450℃，压力 5.8GPa，烧结时间 60min。

6.1.2　金刚石异常粒成长与烧结时间的关系

采用完全相同的金刚石与 Co 叠层体系，在相同压力、温度条件下保持不同时间，回收样品，进行表征和比较。图 6-2 为样品 D1、B3、D2 剖断研磨面界面附近的反射电子像，这些样品的原料金刚石的粒度均为 5~10μm，与 Co 叠层组装，同样在 5.8GPa、1450℃条件下，分别烧结 10min、60min、360min。

如图 6-2 所示，所得样品中金刚石界面异常粒成长层的平均粒度分别约为 20μm、50μm、100μm，随着时间延长，金刚石异常粒成长层的厚度增加，烧结 360min 的样品 D2 中，整个金刚石层全部变成了粗大晶粒堆积的异常粒成长层。

与此层相邻的 Co 含量较高的层也有随时间延长而增厚的趋势，烧结时间为 10min 的样品 D1 与烧结时间为 60min 的样品 B3 相比，Co 含量高的层厚度分别约为 40μm 和 80μm，如图 6-2（a）（b）所示。

（a）烧结时间 10min

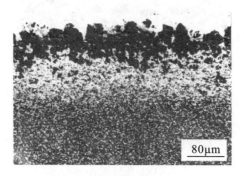

（b）烧结时间 60min

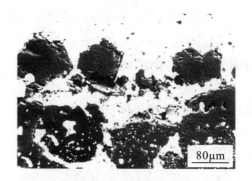

（c）烧结时间 360min

图 6-2　样品 D1、B3、D2 剖断研磨面上界面附近的反射电子像

注：原料粒度 5~10μm，烧结温度 1450℃，压力 5.8GPa。

这样看来，根据金刚石异常粒成长层的平均粒度与烧结时间的关系，应该可以估算出异常成长晶粒的平均生长速度。但实际上，随着时间延长，在界面以外的其他区域，异常粒成长现象也会发生并增加，相互会有影响，此时需要关注和考虑更多区域同时发生金刚石异常粒成长的问题。

6.1.3　金刚石异常粒成长与烧结温度的关系

在其他烧结条件完全相同的情况下，只改变烧结温度，对所得样品界面异常粒成长的特征进行对比。图 6-3（a）（b）（c）（d）分别为样品 B1、B2、B3、B4 剖断研磨面在界面附近的反射电子像。这些样品的原料金刚石粒度均为 5~10μm，与 Co 叠层组装，在 5.8GPa 下烧结 60min。其中，在 1350℃烧结的样品 B1 中，界面异常粒成长晶粒较少且分散。在 1400℃烧结的样品 B2 中，界面异常粒成长晶粒增多且相互连接。在 1450℃和 1500℃烧结的样品 B3 和 B4 中，金刚石异常成长晶粒明显更多，分别形成平均厚约 70μm 和 80μm 的粗晶粒层。四个样品所用烧结时间相同，结果显示，在实验范围内，界面异常粒成长层的平均粒度及平均厚度随烧结温度的上升而增大，说明金刚石异常粒成长的速度随温度升高而加快。

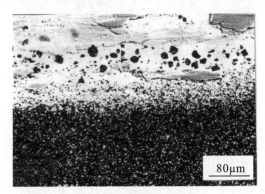

（a）烧结温度 1350℃

（b）烧结温度 1400℃

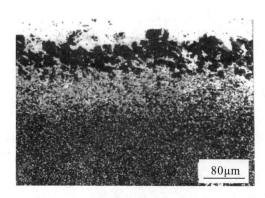

（c）烧结温度 1450℃

（d）烧结温度 1500℃

图 6－3 样品 B1、B2、B3、B4 剖断研磨面界面附近的反射电子像

注：原料粒度 5～10μm，压力 5.8GPa，烧结时间 60min。

值得注意的是，与界面异常粒成长层相邻的 Co 含量较多的层厚度均为 80μm 左右，并未显示出随烧结温度变化的趋势。

6.1.4　金刚石异常粒成长与原料粒度的关系

图 6－4 为样品 A3、B2、C2 剖断面界面附近的二次电子像。在完全相同的压力、烧结温度和烧结时间（5.8GPa、1400℃、60min）的条件下，原料粒度分别为 0～1μm、5～10μm、20～30μm，界面异常粒成长层的平均粒度分别为 10μm、30μm、60μm 左右，即原料金刚石晶粒越大，其异常粒成长晶粒越大。若将异常粒成长的平均粒度与出发原料的做比较，则分别增加了约 20 倍、4 倍和 2.4 倍，即出发原料金刚石粒度越小，样品中界面异常粒成长层的晶粒变化倍率就越大。

（a）原料粒度 0~1μm

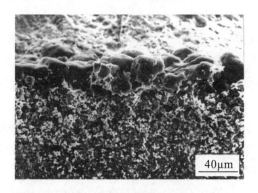

（b）原料粒度 5~10μm

（c）原料粒度 20~30μm

图 6－4　样品 A3、B2、C2 剖断面界面附近的二次电子像

注：烧结温度 1400℃，压力 5.8GPa，烧结时间 60min。

　　对比样品 A3、B2、C2 剖断面的反射电子像可知，与界面异常粒成长层相邻的 Co 含量较多的层的平均厚度分别是 100μm、80μm、60μm，即出发原料越细小，含 Co 较多的层厚度越大。

6.1.5　关于金刚石异常粒成长特征的讨论

根据对金刚石界面异常粒成长层各种影响因素（烧结时间、烧结温度、原料粒度）的实验研究，以及对界面附近 Co 浓度分布的观察对比，分析讨论金刚石与 Co 叠层烧结中界面异常粒成长特征。

在界面上 Co 含量少的层中，金刚石晶粒密集且粒度大。正是由于界面附近金刚石晶粒的异常长大，减少了晶粒间空隙，使 Co 在此处的含量降低。而在与其相邻 Co 含量多的层中，金刚石晶粒是细小且稀疏的。我们认为这是金刚石在 Co 中大量溶解的结果。

图 6-5 为样品 C1 酸处理后剖断研磨面界面附近的二次电子像。在金刚石晶粒层内原本含 Co 较多的 C 区域中，金刚石细小晶粒的尺寸比原料粒度（20~30μm）明显小得多，表明这个区域内液相 Co 的大量溶浸使金刚石晶粒表面被溶解得较多。与此不同，在最靠近原 Co 层的 B 区域，金刚石粒度比原料粒度明显大得多，且许多晶体都具有比原料晶粒更加规整的晶形，其中发育完整的晶面大多分布在朝着原 Co 层（A 区域）的方向，表明在整个烧结过程中，表层的晶粒具有比较稳定的晶体生长环境。

初步分析认为，当液相 Co 向金刚石晶粒层空隙溶浸时，不断溶解金刚石晶粒中的碳，在最先溶解的表层晶粒中，较大且晶形较好的少数晶粒更可能留存下来。当 Co 继续向金刚石晶粒层深部溶浸时，溶液中的碳因浓度差而不断向外部 Co 层方向输送，在靠近界面的溶液中，碳具有较高的过饱和浓度，所以溶液中的碳在尚存的金刚石晶粒表面析出，使那里的晶粒逐渐长大。且因界面附近 Co 溶液中碳的浓度梯度相对稳定，于是朝向 Co 层的金刚石晶面更容易生长得比较完好。总之，界面异常粒成长现象被认为是金刚石中碳在液相 Co 中溶解-再析出的结果。

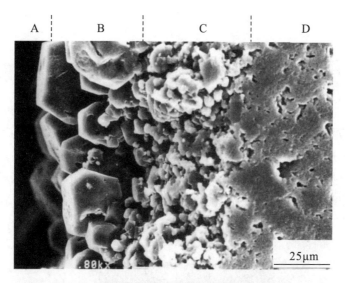

图 6-5　样品 C1 酸处理后剖断研磨面界面附近的二次电子像

注：原料粒度 20~30μm，压力 5.8GPa，烧结温度 1350℃，烧结时间 60min.

　　结合前述实验结果可以推想，当处于共熔点以上的液相金属溶浸到金刚石晶粒层的同时，金刚石开始被溶解，在短时间（如 10min）内，界面附近的金刚石大量溶解，导致晶粒变小，晶粒间空隙增多，形成 Co 含量多的层。当溶解区域继续向金刚石晶粒层深部扩展的同时，金刚石会从过饱和溶液中析出，随着时间推移，逐渐形成界面异常粒成长层。温度越高，金刚石溶解的速度越快，析出的速度也越快。总之，在溶解层向深部扩展的同时，析出层的厚度增加。金刚石异常粒成长层的厚度随温度上升而增大，而相邻 Co 含量高的层相应地向深部移动，其厚度基本不受温度的影响。此外，原料粒度越小，晶粒表面自由能越高，金刚石越容易溶解到 Co 中，因此，原料粒度越小的金刚石层中，Co 含量多的区域就越宽（层越厚），异常粒成长晶粒增加的倍率更大。

　　作为一个重要特征，金刚石异常粒成长现象总发生在靠近 Co 的区域。例如，在靠近金刚石晶粒层另一端面外侧形成新 Co 层的区域，也存在金刚石异常粒成长层。因此，金刚石异常粒成长的发生是以其溶媒金属充分存在为前提条件的。另外，金刚石晶粒越细，越容易发生异常粒成长，这是由于较小粒度的金刚石具有更高的表面自由能，更容易溶解。

6.2 金刚石异常粒成长的机理

金刚石异常粒成长总发生在最接近金属的区域。图 6-6 给出了样品 B3 剖断研磨面的反射电子像，除在金刚石层与原 Co 层间的界面附近外，在与之对称的金刚石层的另一端面外侧及周边外侧同样有金属溢出积聚的区域，并且都在界面上出现金刚石的异常粒成长。

图 6-6 样品 B3 剖断研磨面的反射电子像

注：原料粒度 5~10μm，压力 5.8GPa，烧结温度 1450℃，烧结时间 60min。

图 6-7 给出了原料粒度为 0~1μm 的样品 E3 和 E4 剖断研磨面的反射电子像，其中，异常粒成长分别出现在紧挨上、下界面及其边角的区域，且都有向金刚石细粒层内部长大扩展的趋势。另外，在异常粒成长区域周围都有一层金属膜（或金属含量很高的膜）存在。

类似的现象在金刚石晶粒与 Fe、Ni 或 Ni 合金叠层烧结的样品中也都能观察到。特别是在金刚石粒度为 0~1μm 的样品中，这种异常粒成长现象非常明显。图 6-8 给出了原料粒度为 0~1μm 的金刚石与 Fe 叠层烧结样品 H2 酸处理前剖断研磨面的二次电子像及酸处理后局部放大的二次电子像。一方面，均匀烧结区域的金刚石粒度很小（0～1μm）；另一方面，异常粒成长的晶粒特别大（几百微米至几毫米以上），且在特大晶粒周围存在厚约几微米的金属膜，酸处理后显示为空隙。

这种金刚石异常粒成长的形貌特征表明，碳发生了单向输运。碳原子先从原料微粉表面溶解到液相金属中，再在较大的晶粒表面析出，使这种较大的晶粒不断长大，并消耗掉周围的微粉。这种异常成长晶粒最初的晶核可能是原料中表面相对规整、稳定的晶体，也可能是过饱和金属溶液中重新形成的新晶核。这种碳的单向输运过程的驱动力被认为是粗、细晶粒之间的表面自由能之差。特别是在原料粒度为 1μm 以下的体系，一旦发生异常粒成长，粗大晶粒与原料微粉之间的粒度差异会越来越大，表面自由能之差也随之增加，碳的单向输运过程也会越来越剧烈。

（a）E3

（b）E4

图 6-7　样品 E3 和 E4 剖断研磨面的反射电子像

注：原料粒度 0～1μm，压力 6.5GPa，烧结温度 1400℃、1450℃，烧结时间 60min。

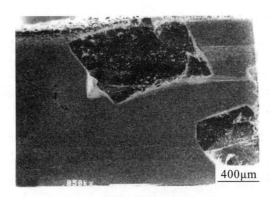

(a) 酸处理前

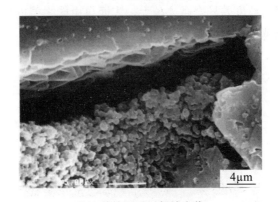

(b) 酸处理后局部放大像

图6-8 样品 H2 酸处理前、后剖断研磨面的二次电子像

注：原料粒度 0～1μm，压力 5.8GPa，烧结温度 1500℃，烧结时间 60min。

过去，关于金刚石晶粒生长的驱动力有两种基本解释。

一种是在石墨与溶媒共存的体系中，当温度、压力条件处于金刚石热力学稳定区时，石墨在溶媒中的溶解度高于金刚石，过饱和碳更容易析出为金刚石，金刚石晶核一旦形成，其表面因溶媒浸润而形成一层溶媒薄膜，石墨中的碳原子会溶解在溶媒薄膜中，再通过溶媒输运到金刚石表面析出，导致晶粒长大。在这种膜生长法的过程中，碳单向输运的驱动力为石墨与金刚石化学势之差所引起的溶解度之差[2,3]。

另一种是在金刚石晶种上生长金刚石大单晶的方法，即温度差法[4,5]。这种方法是使碳源与晶种在同样压力下保持一定温度差，碳源处于较高温度，而晶种处于较低温度，中间隔有一定厚度的金属溶媒层。当整体条件都在金刚石热力学稳定区内时，碳源的石墨会首先转变为金刚石多晶体，因处于较高温度金刚石多晶体的溶解度较高，而处于较低温度金刚石晶种的溶解度较低，碳在中间金属溶媒层中形成一定浓度梯度，促使碳原子不断从碳源向晶种方向输运，导致晶种逐渐长大。在这一过程中，金刚石晶粒生长的驱动力为温度差引起的金刚石溶解度之差。

本章所述金刚石晶粒与溶媒体系的烧结过程中，金刚石异常粒成长过程无法用上述两种驱动力来解释。首先，在所有样品烧结的各个阶段都没有发现过石墨相。因此，第一种驱动力（即两相溶解度之差）在异常粒成长过程中是不存在的。其次，异常粒成长晶粒在样品中的分布及其扩展方向与任何可设想的温度分布都没有对应关系。实际上，异常粒成长晶粒可出现在样品中各种位置，并在几十到几百微米范围内同时向不同方向生长，相邻的晶粒还可以相对生长以致连接到一起等。如果其驱动力是由温度差引起的，那么样品中温度分布则成了非常复杂的"地形图"，且变化无常，这显然是不可能的。最后，异常粒成长晶粒的生长速度对温度和原料粒度都十分敏感，这些特点也难以用温度差引起的驱动力来说明。因此，多晶金刚石烧结体中异常粒成长现象也不涉及第二种驱动力。

我们将金刚石异常粒成长的驱动力归结为表面自由能之差。在这种驱动力作用下，一方面是碳原子不断从小晶粒表面溶入金属，另一方面是碳原子不断从金属中析出到大晶粒的表面。实际上，溶解和析出在大、小晶粒表面都应同时存在。当它们分别存在于金属溶液中时，在一定温度、压力下应处于各自的动态平衡。只是当它们靠得较近时，这种平衡发生偏离，导致在微粉表面溶解快于析出，而在大晶粒表面析出快于溶解。其原因可以归结为微粉具有大得多的比表面积，其表面自由能比大晶粒高，尤其是当微粉粒度很小时，这种差别更加显著。在烧结过程中，体系整体的自由能趋于降低，因此，一旦出现较大晶粒，碳原子就会通过金属溶液从自由能较高的微粉表面向自由能较低的大晶粒表面转移。只有当微粉相互烧结使其本身自由能降低时，这种单向输运才能减缓。从这个意义上讲，以金属为助剂的金刚石微粒的均匀烧结体是一种亚稳体系，在烧结过程中的最大困难就是存在金刚石异常粒成长导致的更低势阱。

为了与前述两种驱动力相区别，我们把这种由表面自由能之差引起的驱动力称为第三种驱动力[6]。

根据上述讨论，可以进一步对多晶金刚石烧结体形成的机理给出清晰的解释。当晶粒尺度相差不明显的金刚石在金属溶媒中烧结时，晶体表面平整度差异及相互接触挤压引起的应力不均等，会带来细观尺度上的自由能差异，这种差异可导致晶粒表面某些局部溶解大于析出，而另一些局部析出大于溶解，这样溶解-再析出过程的结果是形成晶粒间直接结合，使体系整体自由能降低。

所以金刚石晶粒间直接结合形成的驱动力可以归结为第三种驱动力，即表面自由能之差。这就是溶媒作用下多晶金刚石烧结体形成的驱动力。因此，要合成均匀优质的金刚石烧结体，需要采取一些既能抑制异常粒成长，又能促使金刚石粒间直接结合形成的措施，包括选用适当的添加剂及严格控制合成温度、压力、时间等。

6.3　碳化物等对金刚石异常粒成长的抑制作用

前述实验结果还表明，与金刚石晶粒与 Co 叠层烧结的情况相比，金刚石与 Fe 叠层烧结的样品中，异常粒成长的粒度明显较小。

图 6-9 (a) 为 5~10μm 金刚石与 Co 叠层烧结的样品 B3 酸处理后界面俯视的二次电子像，该样品在 5.8GPa 和 1450℃条件下烧结了 60min。图 6-9 (b) 为金刚石与 Fe 叠层烧结的样品 G3 酸处理后界面俯视的二次电子像。两种样品中，B3 的烧结温度比金刚石与 Co 的共熔点高 100℃，G3 的烧结温度比金刚石与 Fe 的共熔点高 130℃，且 G3 的出发原料金刚石粒度更大。B3 与 G3 中界面异常粒成长层的平均粒度分别约为 50μm 和 30μm，后者与原料粒度相比仅有很小的增大。于是可以认为，在与 Fe 共存的体系中，金刚石的界面异常粒成长现象受到相当程度的抑制。

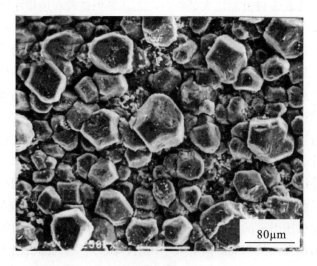

80μm

(a) B3

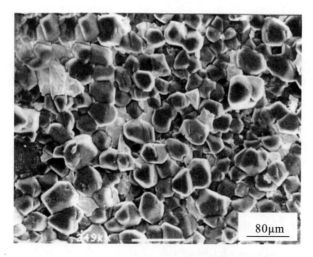

(b) G3

图 6－9 样品 B3 和 G3 酸处理后界面俯视的二次电子像

比较烧结体内部组织，图 6－10 为样品 D2 和 I2 剖断研磨面的反射电子像，出发原料粒度均为 5～10μm。D2 为金刚石与 Co 叠层烧结体系在 1450℃下烧结 360min，而 I2 为金刚石与 Fe 叠层烧结体系在 1500℃下烧结 360min。结果显示，样品 D2 从上到下全都变成了异常粒成长组织，且中部金刚石含有许多金属包裹物，粒度明显比界面更大。而在 I2 中，除界面区域有异常粒成长特征外，中部整体则是粒度均匀的金刚石多晶烧结组织，没有发现异常粒成长迹象，说明在有 Fe 共存的体系中，金刚石烧结体内部的异常粒成长受到抑制。

原因主要为：一方面，碳在 Fe 中的溶解度比在 Co 中的低，金刚石在 Fe 溶液中溶解－再析出的速度可能比较缓慢，不利于异常粒成长的发生与持续；另一方面，作为一种推测，I2 的烧结温度高于体系共熔点不到 100℃，或许有有一部分 Fe_3C 作为亚稳态存在于体系中，对金刚石的溶解－再析出过程产生阻碍，也可能抑制金刚石异常粒成长。

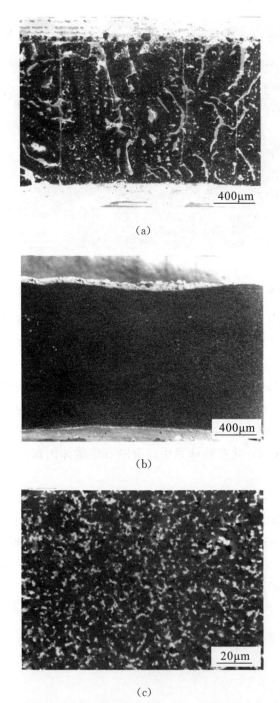

（a）

（b）

（c）

图 6-10　样品 D2〔(a)〕和 I2〔(b) (c)〕剖断研磨面的反射电子像

注：（c）为（b）的中部放大像。

　　此外，我们还做了用金刚石与 WC+16wt％ Co 粉压基底叠层烧结的实验。
图 6－11 为样品剖断研磨面的二次电子像，金刚石原料粒度为 5～10μm，烧结
条件为 5.8GPa、1470℃、60min。在界面附近约 100μm 区域，Co 含量明显较
多，但基本没有发现金刚石异常粒成长的迹象。这可能是界面上大量存在的
WC 抑制了金刚石异常粒成长的发生。

（a）剖断面

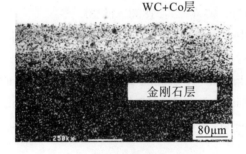

（b）研磨面

图 6－11　金刚石晶粒与 WC+16wt％ Co 粉压基底叠层烧结体剖断研磨面的二次电子像

　　注：原料粒度 5～10μm，压力 5.8GPa，烧结温度 1470℃，烧结时间 60min。

　　在前述混合粒度金刚石晶粒烧结实验中，如采用粒度为 0～1μm 的金刚石
分别与 5～10μm 或 20～30μm 的金刚石混合烧结的所有样品中，完全没有发现
金刚石异常粒成长的迹象[7]。而在相同条件下，没有大粒度金刚石存在的 0～
1μm 金刚石微粉与金属的烧结样品中，很难避免有异常粒成长现象发生。因
此有理由认为，小粒度金刚石的溶解－再析出过程较容易在相对稳定的大粒度
金刚石表面附近进行，促使粗晶粒之间连续相组织的形成。大量大粒度金刚石
晶粒的存在，能维持体系中碳的输运在各个方向均衡，避免局部单向输运带来
的异常粒成长现象。

参考文献

[1] Hong S M，Akaishi M，Kanda H，et al. Behaviour of cobalt infiltration and abnormal grain growth during sintering of diamond on cobalt substrate [J]. Journal of Materials Science，1988（23）：3821−3836.

[2] 若槻雅男. 人造金刚石技术手册 [M]. 东京：科学论坛，1989：20−25.

[3] 若槻雅男. 更多认识金刚石：超高压合成金刚石（2）[J]. 新金刚石（日），1988，4（2）：40−44.

[4] Wentorf R H. Diamond growth rates [J]. Journal of Physical Chemistry，1971，75（12）：1833−1837.

[5] Strong H M，Chrenko R M. Diamond growth rates and physical properties of laboratory − made diamond [J]. Journal of Physical Chemistry，1971，75（12）：1838−1843.

[6] 洪时明. 溶液中金刚石晶体生长的第三种驱动力 [J]. 超硬材料工程，2005，17（59）：1−5.

[7] Hong S M，Akaishi M，Kanda H，et al. Dissolution behaviour of fine particles of diamond under high pressure sintering conditions [J]. Journal of Materials Science Letters，1991（10）：164−166.

第7章　亚微米级金刚石烧结体的合成

亚微米级金刚石指粒度为 $1\mu m$ 以下的金刚石微粉，本章所介绍的实验中，包括粒度标号为 $0\sim1\mu m$ 和 $0\sim0.5\mu m$ 的两种金刚石微粉商品。而粒度标号仅代表其粒度范围，其中接近界限值的晶粒比例极少。因此，如果没有清楚的粒度分布数据，不宜采用"纳米级"的说法。

7.1　亚微米级金刚石烧结体合成的难点

在第 4、5、6 章中，我们分别介绍了金属溶媒在金刚石晶粒层中的溶浸行为、金刚石通过溶解－再析出形成晶粒间直接结合的特征，以及金刚石异常粒成长现象及其影响因素等。根据这些实验研究结果，可以将亚微米级金刚石烧结体合成的相关难点归纳为以下几个方面：

（1）由于亚微米级金刚石具有很高的表面自由能，所使用的原料金刚石微粉中总是存在大量二次团粒，其尺度在几十微米到几百微米，这些由微粉紧密结合形成的团粒不利于液相金属在晶粒间隙中均匀溶浸。

（2）在金属溶浸到的区域，亚微米级金刚石表面会快速发生溶解－再析出，而金属分布不均匀，使这种过程在样品中无法均衡进行，很容易引发碳的单向输运，导致异常粒成长发生，难以合成均质的细粒度金刚石烧结体。

（3）尽管添加碳化物等可在某种程度上抑制金刚石的异常粒成长，但为了使金刚石晶粒间形成更多的直接结合，应尽可能减少其他添加剂。这是一种需要平衡的矛盾。

本章实验目的为采用亚微米级金刚石微粉合成直接结合尽可能多且均匀的金刚石烧结体。

首先，作为预备实验，采用 $0\sim1\mu m$ 金刚石与 WC+10wt% Co 粉压基底叠层组装，进行高温高压烧结，尝试几项分散二次团粒的预处理措施，对实验结果进行对比总结。然后采用更细粒度（$0\sim0.5\mu m$）的金刚石微粉与 WC+16wt% Co 粉压基底进行叠层烧结，通过添加不同比例的 SiC 微粉，研究 SiC 对金刚石异常粒成长的抑制效果。成功合成均质的 $0\sim0.5\mu m$ 多晶金刚石烧结体。

7.2 金刚石微粉二次团粒的分散方法及其效果

针对亚微米级金刚石微粉烧结的难点，我们尝试分散二次团粒的几种方法，并对其结果进行比较。以下介绍两种方法的具体细节：

方法 1：将原料金刚石微粉（$0\sim1\mu m$，東名金刚石公司产品）放入盛有苯的烧杯中，用超声波振荡器分散 30min，再将样品滤出，自然干燥后供使用。其主要目的在于分散微粉结成的二次团粒。

方法 2：先在苯中添加 10wt% 的 PEG（Polyethylene glycol，聚乙二醇），再将 $0\sim1\mu m$ 金刚石微粉放入其中，经超声波振荡器分散 30min，干燥后再在氮气流中经 900℃ 高温处理 120min，供使用。这种方法的目的为分散二次团粒，并尽可能地清除微粉表面吸附的杂质。

为了比较不同预处理方法的效果，将上述两种方法处理的金刚石微粉及未经处理的原料金刚石微粉分为三组，分别与相同的 WC+6wt% Co 粉压基底进行叠层组装，在相同高温高压条件下进行烧结实验。

处理方法、实验条件及结果见表 7-1。

表 7-1 粒度 $0\sim1\mu m$ 金刚石微粉原料处理方法、实验条件及结果

样品号	原料预处理	烧结温度	部分特征	
			二次团粒	异常粒成长
R1	未处理	1400℃	多	少
R2	未处理	1450℃	多	多
R3	未处理	1500℃	多	多
S1	方法 1	1400℃	少	少
T1	方法 2	1400℃	少	无*

续表

样品号	原料预处理	烧结温度	部分特征	
			二次团粒	异常粒成长
T2	方法2	1450℃	少	较多
T3	方法2	1500℃	少	较多

注：实验压力 5.8GPa，烧结时间 60min。* 表示某些区域未烧结。

图 7—1 为烧结前采用未处理的微粉、方法 1 处理的微粉、方法 2 处理的微粉在 400MPa 下预压成圆片断面的二次电子像。未处理微粉的断面都在几十到几百微米程度上凹凸不平（估计与二次团粒密切相关）。经过以上两种方法处理的样品断面都显得比较细腻、平整（估计二次团粒已被一定程度地分散），且方法 2 处理的微粉断面略偏黑色，这种现象被认为是在氮气流下高温处理的过程中 PEG 分解后有少量残留的碳吸附在金刚石微晶表面的结果。

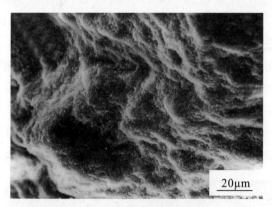

20μm

（a）未处理

20μm

（b）方法 1 处理

（c）方法 2 处理

图 7-1　烧结前粒度 0~1μm 金刚石微粉预压成圆片断面的二次电子像

图 7-2 为采用三种金刚石原料（包括未处理的微粉、方法 1 处理的微粉、方法 2 处理的微粉）压制成的圆片，分别与 Co 叠层组装，再经相同条件（5.8GPa、1400℃、60min）烧结后，所得样品 R1、S1、T1 剖断研磨面的反射电子像。结果显示，所有样品中的 Co 分布都不均匀，在采用未处理微粉为原料的样品中，可见许多几十到几百微米的暗区域（Co 含量很少），而在其他两种样品中，这种现象都不明显。其中，采用方法 1 处理的原料烧结后的样品 S1 中，含 Co 偏少区域的面积较小且反差较弱，而采用方法 2 处理的原料烧结后的样品 T1 中，这样的暗区已很难分辨。可以认为，两种预处理方法都在一定程度上起到了分散微粉二次团粒的效果，方法 2 相对更有效。

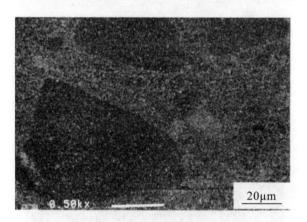

（a）R1

(b) S1

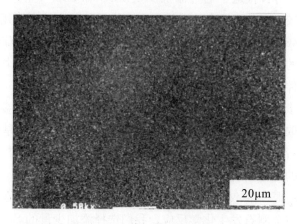

(c) T1

图 7-2 样品 R1、S1、T1 剖断研磨面的反射电子像

注：原料粒度 0~1μm，压力 5.8GPa，烧结温度 1400℃，烧结时间 60min。

在烧结温度为 1400℃的样品 T1 中，Co 的分布并不均匀，某些局部区域没有 Co 浸入，其中的金刚石微粉也未能烧结。可见，即使二次团粒被分散得比较充分，在这样的温度条件下，Co 仍然难以在微粉间均匀溶浸。而在相同温度下烧结的样品 R1 和 S1 中，发现有金刚石异常粒成长发生，这可能是 Co 在样品分布不均匀且在某些局部相对集中引起的。

此外，对于高压下烧结温度在 1450℃或 1500℃的其他样品（R2、R3、T2、T3），无论原料微粉是未处理的，还是用方法 1 或方法 2 处理过的，烧结之后，都有多处形成了异常粒成长组织。总之，用上述几种方法在实验条件范围内都未能合成结构均匀的细粒度金刚石烧结体。

7.3 碳化硅对金刚石异常粒成长的抑制作用

如 6.3 节所述，碳化物的存在在一定程度上可以抑制金刚石的异常粒成长。实际上，也有这方面的技术方案提出，例如，在金刚石微粉中添加相当多比例的 WC 微粉等碳化物，合成粒度在 $1\mu m$ 以下的金刚石烧结体[1]。但在这类方法中，因碳化物的添加比例较高，在相当程度上阻碍了金刚石晶粒间直接结合的形成，使烧结体在硬度、耐磨性等方面有所不足。

M. Akaishi 等曾报道了通过添加少量 PEG 和 cBN（立方氮化硼）微粉，探索合成具有较多 D-D 结合的微粉金刚石烧结体的方法[2]。用这种方法，可在 5.8GPa、1430℃的条件下合成均质、高硬度的微粉金刚石烧结体，而在 1480℃下获得的样品中则发生了异常粒成长，即这种方法合成均质的微粉金刚石烧结体的条件范围非常狭窄，需要严格控制合成的温度。

为了进一步扩大微粉金刚石烧结体合成的条件范围，有必要寻找其他更有效的添加物以取代 cBN，探索金刚石粒度控制的问题。特别是粒度在微米以下的超细金刚石多晶体的合成，无论是从实用的角度还是从科学研究的角度，都是十分重要的工作。

考虑到 SiC 是一种仅次于金刚石和 cBN 的超硬材料[3]，在高温高压下稳定存在，且不与金刚石发生化学反应，我们选择添加少量的 SiC 进行微粉金刚石烧结体合成实验，研究了添加 SiC 对 $0\sim0.5\mu m$ 金刚石微粉烧结行为的影响。实验方法和结果介绍如下[4,5]：

采用粒度标号 $0\sim0.5\mu m$ 的金刚石微粉（通用电气公司产品）作为原料，分别按一定比例（1.3vol％、2.6vol％、5.2vol％）添加平均粒度为 $0.15\mu m$ 的 SiC 微粉（三井化学株产品），放入含 10wt％ PEG 的苯溶媒中，在镶有聚醛树脂衬套的振动研磨机中进行湿式混合 30min。混合后的粉末经自然干燥后，在氮气流中经 900℃高温处理 120min，所得粉末压成形后与 WC＋16wt％ Co 的粉压成型体叠层组装，进行高温高压烧结。实验程序如图 7-3 所示，样品组装如图 7-4 所示[4,5]。

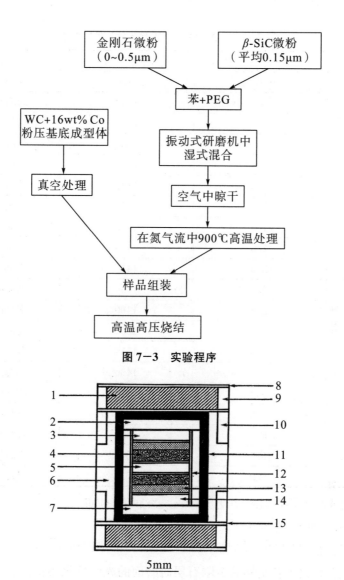

图 7-3　实验程序

5mm

1—ZrO₂陶瓷；2、6、7—NaCl+10wt％ZrO₂成型体；3、5、14—NaCl成型体；
4—WC+16wt％成型体；8—不锈钢片；9—淬火钢环；10—钢环；11—石墨加热管；
12—Ta箔；13—金刚石微粉（0~0.5μm）；15—Mo片

图 7-4　样品组装示意图

出发原料、烧结条件及其结果的概要见表 7-2。作为对照组，烧结实验中部分样品也使用了无添加的相同粒度金刚石微粉为原料。

表7-2 出发原料*、实验条件*及其结果

样品号	SiC添加量（vol%）	烧结温度*（℃）	结果
U1	0	1400	局部 a.g.g.**
U2	0	1430	局部 a.g.g.
U3	0	1450	局部 a.g.g.
U4	0	1480	全部 a.g.g.
V1	1.3	1400	局部未烧结
V2	1.3	1430	局部 a.g.g.
V3	1.3	1450	局部 a.g.g.
V4	1.3	1480	局部 a.g.g.
W1	2.6	1400	局部未烧结
W2	2.6	1430	细粒度 PDC***
W3	2.6	1450	细粒度 PDC
W4	2.6	1480	细粒度 PDC
W5	2.6	1500	局部 a.g.g.
W6	2.6	1550	全部 a.g.g.
X1	5.2	1400	局部未烧结
X2	5.2	1430	细粒度 PDC
X3	5.2	1450	细粒度 PDC
X4	5.2	1480	细粒度 PDC
X5	5.2	1500	细粒度 PDC
X6	5.2	1550	局部 a.g.g.

注：* 原料粒度 $0\sim0.5\mu m$，压力 5.8GPa，烧结时间 30min。

** a.g.g.（abnormal grain growth），异常粒成长的简称。

*** PDC（Polycrystalline Diamond Compact），多晶金刚石烧结体。

图7-5列出了各组样品金刚石层研磨面的光学显微镜照片。样品研磨面上黑色均匀的区域大多数对应于细粒度金刚石烧结组织，呈不规则粗糙斑纹的部分则为异常粒成长区域。在1400℃下烧结的三个样品V1、W1、X1中，某些局部区域的金刚石微粉并未烧结。在使用无添加金刚石微粉为原料烧结的样品U1、U2、U3和U4中，都出现大量的异常粒成长组织。与这组样品相比，在添加1.3vol% SiC的样品V2、V3、V4中，异常粒成长区域明显减少。当SiC添加量增加到2.6vol%时，在1430~1480℃范围内都可以合成均质的细粒度金刚石烧结体，其中没有发现异常粒成长组织。当SiC的添加量增加到5.2vol%时，在1430~1500℃范围内都能得到均质的细粒度多晶金刚石烧结体。

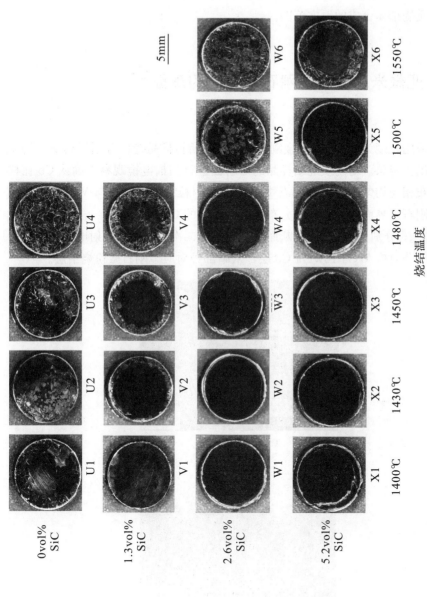

图7-5 金钢石烧结体研磨面的光学显微镜像

注：原料粒度0～0.5μm，压力5.8GPa，烧结时间30min。

上述实验结果表明，在 $0\sim0.5\mu m$ 的金刚石微粉中添加少量（2.6～5.2vol%）SiC 微粉，可以明显抑制金刚石异常粒成长，有效地扩大细粒度金刚石均质烧结体合成的温度范围。

7.4　亚微米级多晶金刚石烧结体的表征[4,5]

对采用粒度为 $0\sim0.5\mu m$ 金刚石微粉烧结所得样品进行 X 射线衍射，均未发现石墨化迹象。对均质烧结样品的研磨面进行扫描电镜观察，确认 Co 在样品中分布相当均匀，没有金刚石微粉的二次团粒结构，仅在与 WC＋Co 层相邻的金刚石层界面附近有零星分布的微米尺度的 Co 富积区。

图 7-6 分别为样品 X4 剖断面界面附近的二次电子像和反射电子像。后者的明亮部分对应 WC＋16wt% Co 层，灰暗部分对应金刚石微粉烧结层。

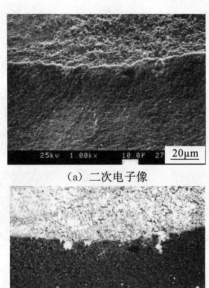

（a）二次电子像

（b）反射电子像

图 7-6　样品 X4 剖断面界面附近的二次电子像和反射电子像[4]

注：粒经 $0\sim1\mu m$ 金刚石＋5.2vol% SiC，压力 5.8GPa，烧结温度 1480℃，烧结时间 30min。

图 7-7 为样品 X4 剖断面界面附近 Co 富积区及其周围组织的二次电子像。界面附近金刚石微粉烧结体的结构均匀而致密，无论是在界面上还是在 Co 富积区，均未发现异常粒成长的迹象。

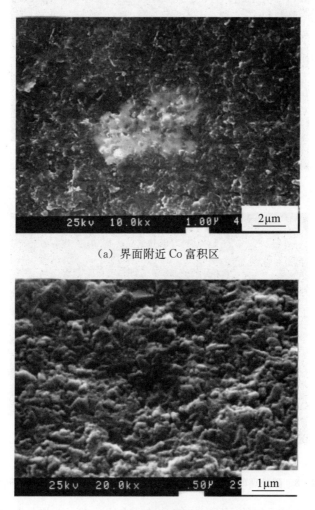

（a）界面附近 Co 富积区

（b）周围组织

图 7-7　样品 X4 剖断面界面附近 Co 富积区及其周围组织的二次电子像

图 7-8 为酸处理前、后样品 X4 剖断面中部组织的二次电子像。金刚石晶粒间已形成紧密的相互连接，结构均匀，很难准确测定其粒度，可以估计其平均粒度在 0.5μm 以下。对界面附近金刚石晶粒的观察结果表明，没有发现晶粒变大的倾向。

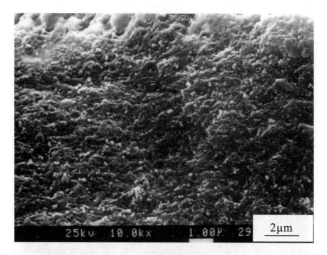

（a）酸处理前

（b）酸处理后

图7-8　酸处理前、后样品 X4 剖断研磨面中部组织的二次电子像[4]

　　为了研究微量添加的 SiC 在烧结后样品中的分布，对样品断面进行扫描俄歇电子像的分析。图 7-9 为样品 X4 剖断研磨面表面 Si 的俄歇电子像。Si 在金刚石微粉烧结体中的分布相当均匀。因此可以认为，少量 SiC 微粉在金刚石晶粒间的均匀分布是抑制金刚石异常粒成长的主要原因。

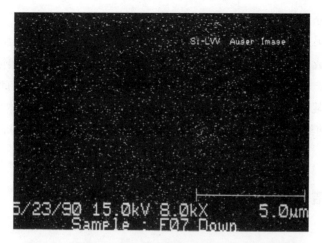

图 7-9 样品 X4 剖断研磨面表面 Si 的俄歇电子像[4]

作为通常评价超硬材料烧结体的一种性能指标，将所得细粒度均质金刚石烧结体的剖断研磨面进一步经铸铁磨盘抛光后，进行传统的维氏硬度（Vickers-hardness）测试，测试负荷为 19.6N，均得到清晰的压痕。图 7-10为测试所得压痕。经压痕对角线测定和计算，所有均质金刚石烧结体的平均硬度为（50±5）GPa 程度，接近单晶金刚石在相同荷重下测试的维氏硬度值[7]。

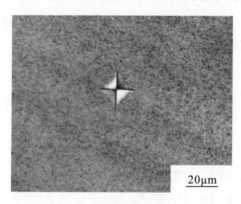

图 7-10 细粒度多晶金刚石烧结体硬度测试压痕（光学显微镜像)[4]

根据前述分析表征结果可以推测，添加少量 SiC 合成的细粒度均质金刚石烧结体中，在 0.5μm 以下的细小晶粒之间形成了相当多的直接结合。

与添加 cBN 的效果相比[2]，添加 SiC 对金刚石微粉异常粒成长的抑制作用更加显著，可在更宽温度范围内合成细粒度均质金刚石烧结体。其原因考虑如下：cBN 与金刚石的晶格结构相似，且晶格常数接近，故 cBN 能在金刚石晶体上外延生长[6]，同样烧结体中 cBN 与金刚石之间也有可能形成直接结合。

正因如此，添加 cBN 的金刚石烧结体显示出比添加 SiC 的金刚石烧结体更高的硬度[2]。另外，正是由于 cBN 可能与金刚石一起进行晶体生长，cBN 对金刚石异常粒成长的抑制作用就比较微弱。与 cBN 相比，SiC 与金刚石的晶格常数差异较大，尽管晶体表面的原子有可能在某种分散的位置上彼此对应，并形成原子间的某种结合，但难以在微小晶面上共同协调地进行晶体生长。因此，SiC 的存在使细粒度金刚石的异常粒成长过程难以发生，也难以持续扩展。

7.5 小结

（1）采用粒度为 0～0.5μm 的金刚石微粉为原料，添加少量 PEG 和 1.3～5.2vol% 的 SiC 微粉，与 WC+16wt% Co 粉压基底成型体进行叠层组装，在 5.8GPa 和 1400～1550℃条件下进行烧结实验。

（2）在相对较宽的温度范围内，合成均质的细粒度金刚石烧结体，其平均粒度在 0.5μm 以下，平均维氏硬度为（50±5）GPa。样品中没有发现异常粒成长现象。

（3）分析认为，细粒度金刚石烧结体中均匀分布的少量 SiC 对金刚石的异常粒成长过程能起到显著的抑制作用。

参考文献

[1] 矢津修示，原昭夫. 工具用烧结体及其制造方法 [P]. 专利公报，昭 61－58432，1986－12－11.

[2] Akaishi M，Ohsawa T and Yamaoka S. Synthesis of fine grained polycrystalline diamond compact and its microstructure [J]. Journal of the American Ceramic Society，1991，74（1）：5－10.

[3] 堂山昌男，山本良一. 陶瓷材料 [M]. 东京：东京大学出版社，1981.

[4] Hong S M，Akaishi M，Osawa T，et al. Synthesis of fine grained polycrystalline diamond compacts [C]. New Diamond Science and Technology，Materials Research Society International Coference

Proceeding，1991：155—160.

[5] Hong S M，Akishi M，Ohsawa T，et al. Effect of additive SiC on the synthesis of fine grained polycrystalline diamond [C]. Osaka：Proc. of the 31st High Pressure Conference of Japan，1990：192—193.

[6] Sei H，Kanda H，Akaishi M，et al. Hetero-epitaxial growth of cBN on diamond crystal [C]. Osaka：Proc. of the 31st High Pressure Conference of Japan，1990：32—33.

[7] Brooks C A. Indentation hardness，in the properties of diamond [M]. London：Academic Press，1979.

第8章　高耐热性金刚石复合烧结体的合成

8.1　思路与方案

目前，多晶金刚石烧结体通常采用金刚石微粉与碳化钨（含 Co）硬质合金基底叠层组装，在金刚石热力学稳定区的高温高压下合成[1]。烧结过程中，部分 Co 溶浸到金刚石晶粒之间，通过对碳的溶解−再析出，帮助金刚石晶粒形成直接结合[2,3]。尽管这类方法合成的金刚石烧结体具有优越的物理性能（如很高的硬度、耐磨性、导热性等），但由于其中存在金属助剂，在常压高温下容易引发金刚石晶粒表面的石墨化，使晶粒间结合被瓦解，整体性能急剧降低，乃至整个多晶体破裂。李尚劼等[4]曾报道，采用镍铁合金为助剂合成出的多晶金刚石烧结体在真空中 900℃条件下处理后，即可观察到大量石墨化和许多裂纹。

为了合成具有高耐热性的多晶金刚石烧结体，Akaishi 等曾做过一系列很有成效的实验研究，包括低金属含量的多晶金刚石烧结体的合成[5−7]，以及采用碱土金属碳酸盐（如 $CaCO_3$、$MgCO_3$）为助剂的多晶金刚石烧结体的合成[8]。其中，添加 $MgCO_3$ 的金刚石烧结体显示出特别高的耐热性，在真空中 1400℃高温处理后，没有出现石墨化或裂纹等现象[9,10]。但需要注意，这些高耐热性多晶金刚石烧结体的合成条件比传统方法高得多，通常都需要在 7.7GPa 下保持 2000℃以上的高温。

作为另外一种方法，Lee 等[11]曾提出在溶媒金属中添加 Si，或采用 Si 合金作为烧结助剂，在相对较低的压力下合成耐高温的多晶金刚石烧结体，这种烧结体中含有 SiC 和少量的 Si，尽管 SiC 有助于提高耐热性，但 Si 的存在却使多晶金刚石烧结体在 1200℃以上的高温下发生劣化。

上述多晶金刚石烧结体的合成，都是在高温高压下通过某种液相助剂的作用使金刚石晶粒之间形成直接结合，或形成某种碳化物（如 SiC）作为间接结合。但问题是，保留在金刚石晶粒之间的助剂或结合剂，在高温下发生液化，会导致多晶金刚石烧结体整体劣化，限制整体耐热性的提高。可以设想，不含低熔点助剂或结合剂的金刚石烧结体应该具有更高的耐热性。因此，有必要探索在金刚石体系中添加热稳定性更高的助剂来合成多晶金刚石烧结体。

为此，我们需要选择热稳定性更高的助剂。TiC 具有相当高的硬度和熔点[12]，但是其在高温高压下也很难与金刚石发生反应或成为金刚石的溶媒。有一种非化学计量成分的制品——$TiC_{0.6}$，在常压下作为亚稳相存在，若将其添加在金刚石晶粒之间，则有可能在高温高压下与金刚石中的碳发生反应而形成 TiC，同时与金刚石晶粒紧密连接在一起。

根据这样的思路，选择 $TiC_{0.6}$ 作为添加剂来合成多晶金刚石烧结体，作为对比，另采用 TiC 粉末作为添加剂，研究高温高压下金刚石与两种碳化钛混合体系的烧结行为及回收样品的耐热性。

8.2　实验方法

出发原料分别是粒度为 $2\sim4\mu m$ 的金刚石微粉（通用电气公司产品），以及平均粒度为 $1.2\mu m$ 的 $TiC_{0.6}$ 微粉，或平均粒度为 $1.5\mu m$ 的 TiC 微粉（Shin Nihon Kinzoku Co.）。将金刚石微粉与 $TiC_{0.6}$ 微粉按 1∶1 的重量比配合，再使用 B_4C 制的研钵和杵在丙酮液体中进行充分混合，然后在 120℃下烘干。作为参照，将金刚石微粉与 TiC 微粉按同样比例和方法进行混合和干燥。

将一定量的混合微粉放入 Ta 箔围成的内套中，用活塞圆筒装置预压成型，成型压力为 100MPa。将包有 Ta 箔的粉压块再放入 Ta 箔外套中，每次高压实验在上下对称的位置安放两个粉压块样品。样品组装如图 8-1 所示。

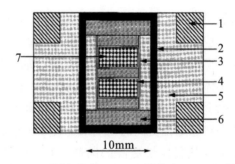

1—钢环；2—石墨加热管；3—Ta 箔外套；4—Ta 箔内套；
5—NaCl+10wt% ZrO$_2$；6—NaCl+10wt% ZrO$_2$；7—样品

图 8-1　高压烧结样品组装图

　　合成实验在内径为 32mm 的 Belt 式高压装置上进行，实验压力为 6.5GPa，温度分别为 1600℃、1800℃或 1900℃，烧结时间均为 30min。回收到的样品先用细粒度金刚石砂轮磨去端面包裹的 Ta 箔，磨至样品表面以下 1~2μm 的深度，然后采用更细的金刚石砂轮等制作符合检测需要的研磨面。预备好的样品被放置于真空（$1 \times 10^{-3} \sim 1.5 \times 10^{-3}$ Pa）中，依次在 900℃、1100℃、1300℃、1400℃、1500℃下各处理 30min。通过对不同阶段热处理前后样品的 XRD 检测分析，调查样品是否发生了石墨化等转变。并通过光学显微镜、扫描电镜等观察对比，检查热处理不同阶段后样品中是否发生裂纹或其他细微的形貌改变。此外，还对不同阶段热处理前后的样品进行维氏硬度的测试和比较。

8.3　实验结果与讨论

8.3.1　金刚石与 TiC$_{0.6}$ 或 TiC 混合体系烧结效果对比

　　按上述方法将金刚石微粉分别与 TiC$_{0.6}$ 或 TiC 混合，在处于金刚石热力学稳定区范围的同样高温高压（6.5GPa、1600℃）条件下，各保持 30min。结果表明，金刚石与 TiC$_{0.6}$ 混合烧结回收的样品分裂为三层圆片。其中，上、下两层较薄，均与端面 Ta 箔紧密连接在一起；中部圆片则紧连周围一圈 Ta 箔，各圆片的断裂面均未发现其他裂纹。另外，在金刚石与 TiC 混合烧结回收的样品中，观察到许多层状分布的裂纹。总之，这两种样品在用金刚石砂轮磨削过程中，都只有很低的磨削阻抗力，说明晶粒间彼此结合力相当弱。根据这些结果可以认为，样品的烧结温度过低，不利于金刚石晶粒与 $TiC_{0.6}$ 或 TiC 之间形成紧密连接。

将以上两类混合原料的样品分别在 6.5GPa 和更高温度（1800℃）下保持 30min 后，再用同样的方法打磨回收的样品。其中，金刚石与 $TiC_{0.6}$ 混合烧结的样品显示出相当高的磨削阻抗，而金刚石与 TiC 混合烧结的样品仍然只有很低的磨削阻抗。两种不同样品在磨削阻抗上的差异可以归因于所添加碳化钛中碳的含量不同，其中，金刚石与非化学计量成分的 $TiC_{0.6}$ 混合烧结的样品表现出更高的耐磨性。因此，有必要对这类体系的烧结行为做进一步研究。

8.3.2　金刚石与 $TiC_{0.6}$ 混合体系的烧结行为

为了弄清金刚石与 $TiC_{0.6}$ 混合烧结的样品具有高磨削阻抗的原因，我们选择在 6.5GPa 和 1600℃、1800℃、1900℃温度下合成的三类样品，通过 XRD、扫描电镜、维氏硬度等进行分析对比。

图 8-2 为在 6.5GPa、1800℃下保持 30min 后回收样品的 XRD 图谱。如图所示，其成分为金刚石、TiC 和 Ta（样品外围的 Ta 箔），没有发现石墨或任何其他物质，也没有发现原料 $TiC_{0.6}$ 的痕迹。

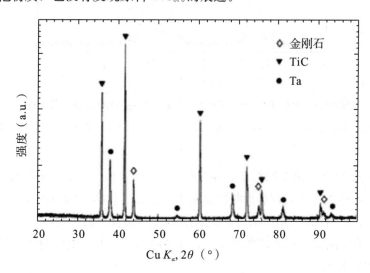

图 8-2　金刚石与 $TiC_{0.6}$ 混合烧结样品的 XRD 图谱

注：压力 6.5GPa，烧结温度 1800℃，烧结时间 30min。

实际上，非化学计量成分的 $TiC_{0.6}$ 与 TiC 的晶格常数差别很小，但通过 XRD 分析仍然可以区分。图 8-3 为原料 $TiC_{0.6}$ 的 XRD 图谱（$2\theta=70°\sim80°$）及在 6.5GPa 和 1800℃下烧结样品的 XRD 图谱的放大图。对比发现，烧结后，原料 $TiC_{0.6}$ 中的碳含量明显增加，转变成为 TiC。其原因是在高温高压下金刚石中有碳原子向 $TiC_{0.6}$ 转移，导致其转变为 TiC。另外，在 1600℃下合成样品的 XRD 分析结果显示，样品中的 $TiC_{0.6}$ 转变成了 $TiC_{0.7}$，说明在较低温度下，碳原子的转移不够充分（这样的结果是根据晶格常数的变化来估算的[12]）。

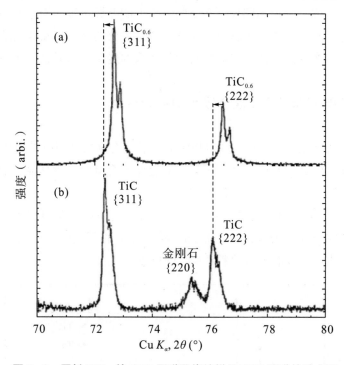

图 8-3　原料 $TiC_{0.6}$ 的 XRD 图谱及烧结样品 XRD 图谱的放大图

注：（a）为原料 $TiC_{0.6}$ 的 XRD 图谱（$2\theta=70°\sim80°$），（b）为烧结样品 XRD 图谱的放大图。

表 8-1 给出了出发原料 TiC 和 $TiC_{0.6}$ 的晶格常数，以及金刚石与 $TiC_{0.6}$ 混合体系在不同条件下处理后回收样品中不同成分（包括金刚石和 $TiC_{0.7}$）的晶格常数。根据 XRD 分析结果与样品磨削阻抗的比较，表中烧结后由金刚石与 TiC 组成的样品显示很高的磨削阻抗，而金刚石与 $TiC_{0.7}$ 组成的样品具有相对较低的磨削阻抗。

表 8-1　碳化钛原料、金刚石与 $TiC_{0.6}$ 混合体系在不同条件下合成样品的晶格常数及其所对应的物相

样品	实验条件	晶格常数（nm）	晶体相
TiC	原料	43.27（1）	TiC
$TiC_{0.6}$	原料	43.10（1）	$TiC_{0.6}$
金刚石+$TiC_{0.6}$	6.5GPa、1600℃、30min	43.23（1）	$TiC_{0.7}$
		35.65（1）	金刚石
金刚石+$TiC_{0.6}$	6.5GPa、1800℃、30min	43.28（1）	TiC
		35.65（1）	金刚石
金刚石+$TiC_{0.6}$	6.5GPa、1900℃、30min	43.26（1）	TiC
		35.64（1）	金刚石

以金刚石与 $TiC_{0.6}$ 混合体系为出发原料在 6.5GPa 和 1800℃ 或 1900℃ 高温下合成的样品成分都转变为金刚石与 TiC，并具有很高的磨削阻抗。因此可以认为，样品整体的高耐磨性是由于金刚石与 TiC 之间形成了较多的直接连接，这种连接是通过金刚石中碳在高温高压下向 $TiC_{0.6}$ 转移的过程形成的；而在 1600℃ 下合成的样品中，碳原子的转移不够充分，所形成的金刚石与 $TiC_{0.7}$ 之间的结合力较弱，故其磨削阻抗不高。

在 1800℃ 或 1900℃ 下合成的由金刚石与 TiC 混合的样品中，光学显微镜均未观察到任何异常粒成长的迹象。为了显示样品细观结构的形貌等特征，采用电子显微镜在更高倍率下进行观察。

图 8-4 为金刚石与 $TiC_{0.6}$ 混合体系在 6.5GPa 和 1800℃ 下合成样品的剖断研磨面细微结构的二次电子像，展现为均匀而致密的结构，多处形貌特征显示出穿晶断裂，说明晶粒间结合力很强，样品中晶粒尺度处于亚微米到 5μm 之间。

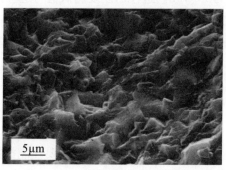

图 8-4　金刚石与 $TiC_{0.6}$ 混合烧结样品剖断研磨面的二次电子像

注：压力 6.5GPa，烧结温度 1800℃，烧结时间 30min。

为了弄清混合烧结体中 TiC 的分布，对样品的研磨面进行背散射电子像观察。图 8-5 为上述样品剖断研磨面的背散射电子像，其中较亮的区域对应 TiC，而较暗的区域对应金刚石。由图 8-5 可知，TiC 的尺度在亚微米到 $5\mu m$ 之间，且 TiC 在样品中的分布是均匀分散而非连续的。

10μm

图 8-5　金刚石与 $TiC_{0.6}$ 混合烧结样品剖断研磨面的背散射电子像

注：压力 6.5GPa，烧结温度 1800℃，烧结时间 30min。

从金刚石与 $TiC_{0.6}$ 混合体系出发，在 6.5GPa 和 1600℃、1800℃、1900℃ 高温下合成的样品，分别通过细粒度金刚石砂轮打磨等，制作出足够平的研磨面，用来进行传统的维氏硬度检测。为了取得相对可靠的硬度测试值，参考检测荷重对金刚石单晶压痕硬度值的影响[13]，采用适当高的检测荷重（49N）。结果表明，在所有样品上都获得了清晰的压痕，通过测量每种样品上各五个压痕的对角线，分别计算出每个样品的平均硬度。检测结果为：在 1600℃、1800℃、1900℃ 下合成的样品的平均维氏硬度分别是 30GPa、45GPa 和 45GPa，不确定范围为±3GPa。这样的硬度测试值与这些样品在磨削阻抗上的表现是一致的。总之，测试结果表明，以金刚石与 $TiC_{0.6}$ 混合体系为出发原料，在 6.5GPa 和 1800℃ 或 1900℃ 下合成的金刚石多晶烧结体都具有相当高的硬度。

8.3.3　金刚石与 TiC 复合烧结体的热稳定性

作为探索合成高耐热性金刚石烧结体的最重要性能指标，我们考察了所得样品的耐热性。选用出发原料为金刚石与 $TiC_{0.6}$ 混合体系，在 6.5GPa 和 1800℃ 下保持 30min 后回收的样品，将样品两面磨平（达到硬度测试的要求），在真空（$1\times10^{-3}\sim1\times10^{-5}$ Pa）中依次加热到 900℃、1100℃、1300℃、1400℃、1500℃，各处理 30min，每次加热前后，对样品进行重量检测和硬度测试，并分别进行晶体相分析和细微形貌观察。

首先，在 900℃下烧结 30min 后，样品没有重量损失，通过 XRD 分析也没有发现石墨化或其他变化，没有出现任何裂纹或硬度变化。与过去添加镍铁合金助剂的金刚石烧结体在相同条件下的测试结果相比[4]，所得金刚石与 TiC 复合烧结体的耐热性明显提高。

经 900℃处理过的样品再经更高温度处理，结果表明，在 1100℃、1300℃、1400℃处理后，样品均未出现裂纹，样品的成分、重量和硬度也都没有发生任何变化，即经过 1400℃处理后的样品仍然具有高达 45GPa 的维氏硬度。这说明采用金刚石与 $TiC_{0.6}$ 混合体系为出发原料在 6.5GPa 和 1800℃下烧结所得样品具有相当高的耐热性能。

将上述经过 900~1400℃处理的样品在真空中 1500℃下处理 30min，所得样品的 XRD 图谱如图 8-6 所示，样品中未发现石墨化或其他成分变化的迹象。通过光学显微镜观察，也没有发现裂纹或其他改变，而维氏硬度测试结果为 40GPa，表明其硬度比 1500℃处理前的样品略有降低。

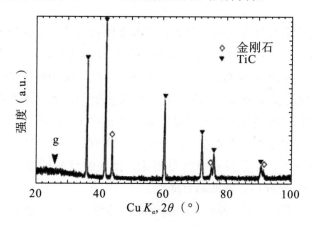

图 8-6　样品的 XRD 图谱（g 表示石墨，强度为 0）

图 8-7 为经过 900℃、1100℃、1300℃、1400℃、1500℃处理后样品剖断面的二次电子像，尽管其中的晶界轮廓与热处理前相比略显清晰，但样品整体细观结构相比热处理前并没有明显差异。这样的结果表明，$TiC_{0.6}$ 是一种有效的固相烧结助剂，有利于合成具有高耐热性的金刚石与 TiC 复合烧结体。

图 8-7　经过 900℃、1100℃、1300℃、1400℃、1500℃处理后样品剖断面
的二次电子像

8.4　小结

分别采用金刚石与 TiC 混合体系，以及金刚石与 $TiC_{0.6}$ 混合体系为出发原料，在高温高压下进行一系列烧结实验。分析表征结果显示，采用金刚石与 $TiC_{0.6}$ 混合体系为出发原料，在 6.5GPa 和 1800℃ 或 1900℃ 的条件下烧结 30min 后，得到完全由金刚石与 TiC 组成的多晶金刚石烧结体，这种复合材料具有均匀致密的细微结构，其维氏硬度达（45±3）GPa（荷重 49N）。这种烧结体具有很高的耐热性，在真空中经 900℃、1100℃、1300℃、1400℃高温依次各处理 30min 后，完全没有发生石墨化、出现裂纹或硬度改变的现象。仅在继续于 1500℃处理后，硬度略有降低。

实验表明，$TiC_{0.6}$ 是一种有效的固相烧结助剂，有利于合成具有高耐热性的金刚石与 TiC 复合烧结体。分析认为，高温高压下有碳原子从金刚石向 $TiC_{0.6}$ 转移，使后者转变为更加稳定的 TiC，这一过程利于在不同晶粒间形成广泛而紧密的连接。而对于晶粒的原子间是否具有某种微观结合尚有待研究。

参考文献

[1] Wentorf R H, Rocco W A. Diamond tools for machining [P]. U.S.: 3745623, 1973-07-17.

[2] Wentorf R H, DeVries R C, Bundy F P. Sintered superhard materials [J]. Science, 1980 (208): 873-880.

[3] Gigl P D. Strength of polycrystalline diamond compacts [M] // Timmerhaus K D, Barber M S. High pressure science and technology. New York: Plenum Press, 1979: 914-922.

[4] Li S J, Akaishi M, Ohsawa T, et al. Sintering behavior of diamond-super invar alloy system at high pressure and high temperature [J]. Journal of Materials Science, 1990 (25): 4150-4156.

[5] Akaishi M, Yamaoka S, Tanaka J, et al. Synthesis of sintered diamond with high electrical resistivity and hardness [J]. Journal of the American Ceramic Society, 1987, 70 (10): 237-239.

[6] Akaishi M, Yamaoka S, Tanaka J, et al. Synthesis of sintered diamond with high electrical resistivity and high hardness [J]. Materials Science and Engineering, 1988 (105/106): 517-523.

[7] Akaishi M, Ohsawa T, Yamaoka S, et al. Thermal properties of sintered diamond with small amounts of metal [M] //Saito S, Fukunaga O, Yoshikawa M. Science and technology of new diamond. Tokyo: Terra Science Publishing Co, 1990: 129-134.

[8] Akaishi M, Kanda H, Yamaoka S. Synthesis of sintered diamond with calcium carbonate and its physical properties [J]. Journal of Hard Materials, 1992 (3): 75-82.

[9] Akaishi M, Yamaoka S, Ueda F, et al. Synthesis of polycrystalline diamond compact with magnesium carbonate and its physical properties [J]. Diamond and Related Materials, 1996 (5): 2-7.

[10] Akaishi M, Yamaoka S. Physical and chemical properties of the heat resistant diamond compacts from diamond-magnesium carbonate system [J].

Materials Science and Engineering，1996（A209）：54—59.

[11] Lee M，Szala L E，DeVries R C. Polycrystalline diamond body [P].
U. S. ：4124401，1978—11—07.

[12] Storms E K. The titanium-titanium carbide system [M] //The
Refractory Carbides. London：Academic Press，1967：1—12.

[13] Brooks C A. Indentation hardness [M] //Field J E. The properties of
diamond. London：Academic Press，1979：383—402.

第 9 章　溶媒中 SiC 分解生成金刚石的研究

9.1　背景和意义

如第 7 章所述，在合成亚微米级细粒度金刚石烧结体的过程中，添加少量的 SiC 微粉，对于抑制金刚石异常粒成长的发生具有明显效果。为了弄清这种作用的原因，有必要对高温高压下金属溶媒中 SiC 的状况做进一步研究。

单纯的 SiC 是约 87% 共价键结合的晶体，具有很高的稳定性，虽有许多不同的多型体，但其之间的转变很难发生[1,2]。目前，已知有多种金属可作为 SiC 的溶剂，其中过渡族金属 Co 和 Ni 常作为 SiC 的烧结助剂来使用[3,4]。通常条件下，当 SiC 在液相金属中溶解达到过饱和状态时，便会析出 SiC 晶体。曾有报告指出，当温度高达 1200~2000℃ 时，在 SiC 晶体与液相金属的界面，伴随 Si 的溶解，有石墨析出[5]。但关于高压高温下 SiC 与金属共存体系的状况并没有研究报告。

在前章所述的微粉金刚石烧结体合成的体系中，除有大量的金刚石和金属存在外，还有 WC 混入的可能，体系中 SiC 的添加量相对较少。对于这样的体系，很难采用 X 射线衍射等手段来弄清高温高压下 SiC 的状态[6]。

因此，我们采用更加简单的体系进行模拟实验。首先，在以温度差法合成金刚石单晶实验中，在金属溶媒 Co 中添加不同含量的 SiC，调查金刚石单晶生长的速度，并与不添加 SiC 的体系做对比。实验结果表明，金属溶媒中添加 SiC 会阻碍碳的输运，明显降低金刚石的生成速度。这样的结果也符合在微粉金刚石烧结中添加少量 SiC 对金刚石异常粒成长的抑制作用。

由于在金属溶媒中添加 SiC 进行金刚石单晶生长的实验中，未能回收到溶媒中的 SiC，故我们一度认为 SiC 全部被溶解到金属中去了，因此，试做高温高压下 SiC 在金属中溶解度的实验调查。将较多的 SiC 与 Co 的共存体系在高温高压条件下保持一定时间后，对回收样品进行分析。结果表明，SiC 已完全分解，其中的 Si 均匀地溶解在金属中，而 C 作为金刚石或石墨晶体析出。由此发现了从 SiC 加金属 Co 体系生成金刚石的高压反应[7]。

1955 年，美国通用电气公司的研究者以石墨为碳源，加金属溶媒，在高温高压下成功合成金刚石[8]。之后，在合成金刚石的方法中，石墨一直是使用得最普遍的碳源材料。此外，也有人采用其他不同的单质碳素材料及有机物作为碳源，研究在高温高压下直接转变或通过溶媒作用来合成金刚石[9,10]，而在采用含碳无机化合物作为碳源合成金刚石方面，截至 1991 年，仅有少数技术专利提出[11,12]，未见公开发表的学术论文。

通过无机化合物的分解生成金刚石的反应，无论是对天然金刚石的成因研究，还是对合成新性能金刚石材料的探索，都是很有意义的研究方向，有必要进行系统深入的研究。

本章围绕用 SiC 与金属共存体系合成金刚石，描述作者做过的一系列相关实验，包括高压下这种分解反应的发现、促进反应加速的高效溶媒的选取、反应过程特征的考察，以及所得金刚石晶体的分析表征等。

9.2　溶媒中添加 SiC 对金刚石单晶生长的影响

前章所述微粉金刚石烧结体合成体系中，出发原料有金刚石、金属溶媒和少量 SiC，以及作为基底的 WC。高温高压烧结之后，要在这个相对复杂的体系中调查 SiC 的行为有很多困难，因此，本节实验采用相对简单的模拟体系，在金属溶媒中添加 SiC，在高温高压下进行金刚石单晶生长。

金刚石单晶生长实验采用高压下的温度差法。利用加热碳管内中部温度比两端温度略高的特性，在碳管中部高温处放置碳源，在下端较低温处放置金刚石的晶种，其间放置金属溶媒，在稳定的高温高压下保持足够长时间进行金刚石单晶生长。在这样的过程中，处于高温处的碳源（转变后为金刚石）具有比低温端晶种更大的溶解度，形成的浓度差导致溶液中碳原子从碳源向晶种扩散，并在金刚石晶种上不断析出，使晶体成长[13]。

本节实验的样品组装如图 9-1 所示。碳源为石墨，溶媒金属为纯度 99.95％的 Co 圆片，添加的 SiC 微粉按照 1wt％的比例夹在两片 Co 片之间，同等条件下的对比实验中未添加 SiC。

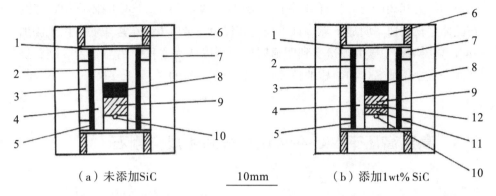

（a）未添加SiC　　10mm　　（b）添加1wt% SiC

1—Mo 片；2、4—镁铁矿陶瓷；3—NaCl+20wt％ ZrO₂；5—加热碳管；6、7—叶腊石；
9、11—Co；10—金刚石晶核；12—SiC 微粉；其余见图 3-5（b）

图 9-1　金属溶媒中添加 SiC 进行金刚石单晶生长实验组装示意图

金刚石单晶生长实验在滑块式上三下三立方体压砧的高压装置上进行[14]。
实验压力为 5.5GPa，样品中心温度为 1500℃，烧结时间分别为 4h、6h、8h。
降温降压后取出样品，先用王水加热处理除去金属，再将回收的金刚石晶体在
分析天平上称重，计算其晶体生长的重量，结果如图 9-2 所示。

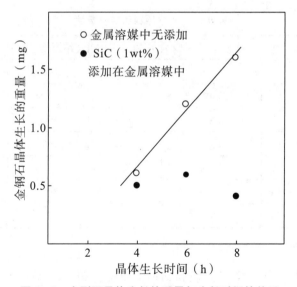

图 9-2　金刚石晶体生长的重量与生长时间的关系

根据实验结果，在实验的温度、压力条件下，无添加体系中金刚石晶体生长速率约为 0.3mg/h，同样条件下，在 Co 中添加 1wt% SiC 的体系中，金刚石晶体生长的速率明显下降，且不稳定，仅为一半以下。结果表明，由于添加 SiC，金属溶媒中碳的输送受到明显阻碍。可以认为这种作用与微粉金刚石烧结体合成中添加 SiC 抑制异常粒成长的原因是一致的。

9.3　高温高压下 SiC 在金属中分解生成金刚石[7]

在金属溶媒中添加少量 SiC（1wt%），即对金刚石单晶生长有明显抑制作用。但在实验中未能回收 SiC，故推测所添加的 SiC 已完全溶解在金属中。为了进一步调查 SiC 在金属中的溶解度，进行如下实验。

采用平均粒度为 0.15μm 的 β-SiC 微粉，按 1∶8 的重量比与纯度为 99.9% 的金属 Co 片叠层组装，在高温高压下保持一定时间。另外，作为对比实验，还采用 18.5mg 的 β-SiC 单晶与 Co 片组装，在高温高压下进行处理。

出发原料和实验条件见表 9-1。

表 9-1　出发原料和实验条件

样品号	出发原料	重量比（SiC∶Co）	压力（GPa）	烧结温度（℃）	烧结时间（min）
A	SiC (F)* +Co	1∶8	5.5	1400	60
B	SiC (F) +Co	1∶8	5.5	1470	60
C	SiC (F) +Co	1∶8	5.5	1500	60
D	SiC (F) +Co	1∶8	5.5	1550	60
E	SiC (L)** +Co	1∶4	5.5	1450	30
F	SiC (F) +Co	1∶8	4.5	1430	60
G	SiC (F) +Co	1∶8	4.5	1500	60

注：* SiC 微粉，** SiC 单晶。

样品回收后，用光学显微镜和扫描电子显微镜（SEM）进行观察，对部分样品还采用 EDX（能量分散特征 X 射线）进行分析。最后，样品经酸处理除去金属，在酸处理前后分别对其进行 X 射线衍射分析。

在回收的样品 B、C、D、E 表面均能看到许多分散的晶体，表面规整，尺寸在数十到数百微米，如图 9-3 所示。这些晶体显露出的晶面多为三角形或六边形。

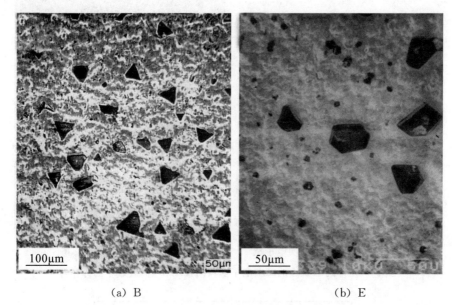

(a) B　　　　　　　　　　　　　　(b) E

图 9-3　样品 B 和 E 表面的二次电子像

通过以上 B、C、D、E 四种样品的 EDX 分析发现，表面析出的晶体所在区域并没有检测到 Si 或 Co 的特征 X 射线，说明这些晶体中不含 Si 或 Co 的成分。与此相反，在这些晶体以外的周围区域，都有均匀分布的 Si 和 Co。

图 9-4 (a) 为样品 E 表面的二次电子像，从图像亮度反差推断，在表面析出晶体以外区域为原子序数最高的 Co。图 9-4 (b) 为同视场中 Si 的 K_a 线平面分布像，图像明确显示所析出晶体内部不含 Si，而在晶体周围区域，即金属 Co 的区域，则有 Si 均匀分布。由于出发原料中只含有 Si、Co、C 三种元素，因此可以推断，样品中析出的那些晶体只可能是 C 的晶体。

为了弄清高温高压处理后样品中析出的晶体类型，我们对上述样品进行酸处理，并在酸处理前、后对样品进行 X 射线衍射分析。图 9-5 中 (a) (b) (c) 分别为出发原料 β-SiC 微粉以及所得样品酸处理前、后的 XRD 图谱。

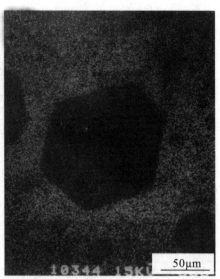

（a）样品 E 表面的二次电子像　　（b）同视场 Si 的 K_a 线平面分布像

图 9-4　样品 E 表面的二次电子像和同视场 Si 的 K_a 线平面分布像

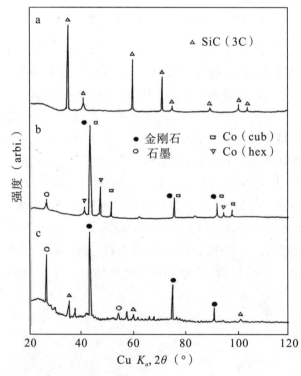

图 9-5　原料 $\beta-SiC$［（a）］、样品 B 酸处理前［（b）］和酸处理后［（c）］的 XRD 图谱

结果表明高温高压处理后，样品中的 SiC 几乎完全消失，最强的几个衍射峰对应立方晶系（cub）的 Co（或金刚石）、石墨，部分峰对应六方晶系（hex）的 Co。酸处理后，样品中的 Co 完全消失，主要的衍射峰都对应金刚石或石墨，有三个微弱的峰对应 SiC，估计是反应后残留的出发原料。

根据以上检测分析可以认为，SiC 与 Co 共存的体系在 5.5GPa 和 1450～1550℃下烧结 30～60min 后，SiC 发生了分解，其中的 Si 均匀地溶解在 Co 中，C 则作为金刚石或石墨两种晶体析出。

对样品进行酸处理后所得金刚石晶体，再用光学显微镜进行观察，均为淡黄色且形状完好的晶体。另外，采用扫描电镜对酸处理后所得晶体的形貌进行观察。图 9-7 给出了样品 B 中金刚石晶体的二次电子像。

图 9-6　样品 B 中金刚石晶体的二次电子像

总的来看，原料 SiC 粒度细小的样品中，生成的金刚石晶粒数较多，而晶体粒度较小。而在采用 SiC 大单晶作为原料的样品 E 中，生成的金刚石晶体的粒度较大，但晶粒数目较少。可以认为，这是由于原料晶体粒度小的 SiC 比表面大，总体分解速率快，分解出的碳原子在溶液中能更快地达到饱和，并更迅速地析出形成更多金刚石晶核。

另外，在 5.5GPa 和 1400℃下处理后的样品 A 中，X 射线衍射结果显示，明显存在 SiC 的衍射峰，而没有发现金刚石或石墨的迹象。这说明在 5.5GPa 和 1400℃条件下，体系中 SiC 未能分解。由此推断在 5.5GPa 下，SiC 与 Co 共存体系中的 SiC 分解的最低温度为 1400～1450℃。

还需说明，在 4.5GPa 和 1430℃、1500℃下处理后所得样品 F 和 G 中，X 射线衍射结果表明，SiC 完全分解，生成了许多石墨，却没有发现金刚石。这是因为实验条件处于金刚石相的亚稳区，尽管 SiC 能分解，但游离出的碳原子会优先作为稳定相的石墨析出，而难以形成金刚石。

对样品周围的传压介质（陶瓷材料，Macerite）表面也做了仔细检查，经高温高压处理后，用光学显微镜等观察，未发现任何形貌特征变化。可以认为，紧贴样品的传压介质对 SiC 分解生成金刚石或石墨的反应过程没有任何影响。

9.4 不同金属对 SiC 分解和金刚石生成的作用差异

前述实验清楚地证明，在 SiC 与 Co 共存体系中，SiC 在高温高压下分解生成金刚石。可以预测，SiC 在其他金属溶媒中也可能发生类似反应。为了考察对 SiC 分解生成金刚石的反应更加高效的溶媒，试用几种不同金属进行对比实验[16,17]。

采用平均粒度为 $100\mu m$、纯度为 99.95％的 $\beta-SiC$ 晶粉作为出发原料，分别与 Co、Ni、$Fe_{55}Ni_{29}Co_{16}$ 合金（KOV）、$Ni_{70}Mn_{25}Co_5$ 合金，以及具有较低熔点的 Al 和 Cu 金属片叠层组装，在国产 $6\times800Ton$ 六面顶压机上进行实验（采用 KOV 的实验在可调滑块式上三下三的六面顶装置上完成）。作为参比，采用石墨作为碳源替代 SiC，在相关条件下做了实验调查。样品组装如图 9-7 所示。

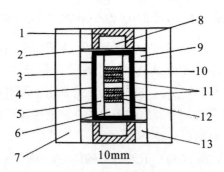

1—导电钢环；2—Mo 片；3、5、6—NaCl+20wt％ ZrO_2；4—石墨加热管；
7、8、9、13—叶腊石；10、12—SiC 微粉；11—溶媒金属片

图 9-7　不同金属与 SiC 共存体系高温高压实验样品组装示意图

出发原料、实验条件及结果见表 9－2。为了调查相关反应过程，大部分实验中高温高压保持时间明显缩短。

表 9－2　不同金属与 SiC 共存体系的出发原料、实验条件及结果

样品号	出发原料	重量比 (SiC：金属)	压力 (GPa)	温度 (℃)	保持时间 (min)	结果*		
						SiC	石墨	金刚石
A1	SiC+Ni	1：8	5.8	1510	5	○	○	×
A2	SiC+Ni	1：8	6.3	1460	5	○	○	×
A3	SiC+Ni	1：8	5.7	1460	14	×	○	×
B1	SiC+Co	1：8	5.7	1460	5	○	○	×
B2	SiC+Co	1：8	5.9	1570	5	○	○	×
B3	SiC+Co	1：8	6.0	1510	20	○	○	○
C1	SiC+KOV**	1：8	5.5	1250	60	×	○	○
C2	SiC+KOV	1：6	5.5	1430	60	×	○	○
D1	SiC+NiMnCo***	1：6	6.0	1460	0.5			○
D2	SiC+NiMnCo	1：6	6.0	1460	1	○	○	○
D3	SiC+NiMnCo	1：6	6.0	1460	2			○
D4	SiC+NiMnCo	1：6	6.0	1460	4	酸处理后对样品进行光学显微镜或扫描电镜观察		○
D5	SiC+NiMnCo	1：6	6.0	1460	6			○
D6	SiC+NiMnCo	1：6	6.0	1460	10			○
D7	SiC+NiMnCo	1：6	6.0	1460	20			○
E1	SiC+NiMnCo	1：8	5.9	1570	5	×	○	○
E2	SiC+NiMnCo	1：8	5.4	1350	2	×	○	○
E3	SiC+NiMnCo	1：8	5.4	1350	4	×	○	○
E4	SiC+NiMnCo	1：8	5.4	1350	6	×	○	○
F1	石墨+Co	1：4	5.9	1570	5		○	○
F2	石墨+NiMnCo	1：4	5.9	1570			○	○

注：* XRD 分析结果，** $Fe_{55}Ni_{29}Co_{16}$ 合金，*** $Ni_{70}Mn_{25}Co_5$ 合金。

由表 9－2 可知，采用 Ni 或 Co 作为金属溶媒的样品 A1、A2、B1、B2 中，X 射线衍射结果表明，尽管温度压力条件较高，应处于金刚石热力学稳定区，但在 5min 的短时间内，只有部分 SiC 分解，碳析出为石墨相，并未形成金刚石，尚有部分 SiC 残留。采用 Ni 作为金属溶媒的情况下，在保持稍长时

间（14min）的样品 A3 中，SiC 完全分解，但只析出为石墨，仍未检测到金刚石。而在采用 Co 作为金属溶媒的样品 B3 中，在较高温度、压力下，保持 20min 之后，SiC 并未全部分解完毕，碳析出为石墨，还有一部分生成了金刚石。初步推测，Ni 与 Co 相比，其促使 SiC 分解的作用较强，但对金刚石生成的促进作用较弱。

在采用具有较低熔点的 KOV 合金的样品 C1 和 C2 中，经 5.5GPa 和 1250℃或 1430℃处理 60min 之后，SiC 均已完全分解，石墨和金刚石都有生成，其中石墨相当多，而金刚石比例很小，且粒度仅为几微米。

与上述实验相比，采用 $Ni_{70}Mn_{25}Co_5$ 合金的样品 D1 到 E4 中，均检测到金刚石生成。其中，在 6.0GPa 和 1460℃下仅保持 0.5min 或 1min 的样品 D1 和 D2 中，还能检测到 SiC 存在，但金刚石与石墨的衍射峰都清楚显现。在保持时间为 4min 以上的所有样品中，SiC 的衍射峰消失，而能清楚检测到金刚石生成，甚至用肉眼都能观察到样品中的金刚石晶粒。

为了进一步分析反应过程，采用石墨为碳源，调查 Co 与 $Ni_{70}Mn_{25}Co_5$ 合金两种金属对石墨转变为金刚石的作用。实验结果表明，在相同压力、温度条件下取得的样品 F1 和 F2 中，回收的金刚石分别为 62mg 和 61mg，几乎没有差别。因此可以认为，这两种金属对石墨转变为金刚石的作用是同等的。与此相比，当采用 SiC 为碳源时，Co 和 $Ni_{70}Mn_{25}Co_5$ 合金对金刚石生成的作用效果存在明显差异，这意味着两种不同碳源在金属作用下生成金刚石的机理有所不同。

此外，采用 Cu 与 SiC 组合在 5.9GPa 和 1350℃或 1400℃下保持 10min，根据 5.5GPa 下 Cu 的熔点为 1280℃的报道[17]，推断在本组实验条件下 Cu 应处于液相。回收样品经检测分析表明，样品中存在 SiC 和石墨，但没有金刚石。实验结果说明，Cu 在高温高压下具有促使 SiC 分解的作用。

采用更低熔点的 Al 与 SiC 组合进行实验，根据 5.5GPa 下 Al 的熔点约为 1000℃的报道[18]，将 Al 与 SiC 共存体系在 5.9GPa 和 1350℃下保持 10min。回收的样品中只检测到 SiC，没有发现石墨或金刚石。实验结果说明，Al 在这样的条件下不能促使 SiC 分解。

9.5　金属溶媒作用下 SiC 分解生成金刚石的过程[16]

根据前述实验可以设想，当金属与 SiC 共存体系处于金刚石热力学稳定区的高温高压条件下，且温度高于体系共熔点时，SiC 在液相金属中发生分解，分解出的 Si 溶解在金属中，而 C 比 Si 在金属中的溶解度较小，达到过饱和后，便能作为金刚石或石墨析出。其中，金刚石作为稳定相生成，石墨作为亚稳相生成。但这样的过程还需要更详细的调查，且石墨和金刚石之间是否存在相互转变等问题也需要进一步弄清。图 9-8 为金属溶媒中 SiC 分解生成金刚石过程示意图。

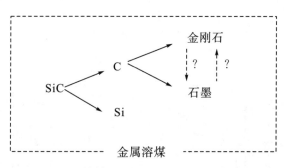

图 9-8　金属溶媒中 SiC 分解生成金刚石过程示意图

表 9-2 中的 D2～D7 正是为调查反应过程所做的一组实验。采用 SiC 与 $Ni_{70}Mn_{25}Co_5$ 合金按 1∶6 重量比组合，在同样条件（6.0GPa、1460℃）下分别保持 1min、2min、4min、6min、10min、20min，再对样品分别进行酸处理，将回收的金刚石用分析天平称量，并通过光学显微镜的图像进行粒度分析。

图 9-9（a）表示样品回收金刚石的重量与保持时间的关系，图 9-9（b）表示样品中金刚石晶体平均粒度与保持时间的关系。

由图 9-9 可知，保持时间为 6min 以内的样品中，金刚石的重量和平均粒度都随保持时间的延长而明显增加，在保持时间长于 6min（最长到 20min）的样品中，无论是重量还是平均粒度都只有很微小的增加，总趋势几乎保持不变。由此推测，在 SiC 与合金重量比为 1∶6 的体系中，高温高压下保持 6min 以后，SiC 可完全分解，其中 Si 在样品中未见析出，说明 Si 在这种合金中的溶解度比 C 高得多，而 C 除部分溶于合金外，其余作为石墨和金刚石析出。当时间延长到 6min 之后，不再有新的碳原子被析出。另外，当时间延长到 6min 之后，金刚石晶体的生长速率很低，这说明此时体系中生成的亚稳相石墨很难再向金刚石转变，其原因可能是金属溶媒中的 Si 阻碍了石墨向金刚石转变，这种推论与 9.2 节的实验结果相符。

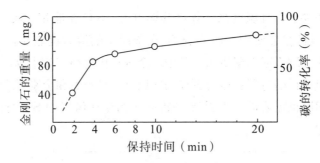

（a）样品回收金刚石的重量与保持时间的关系

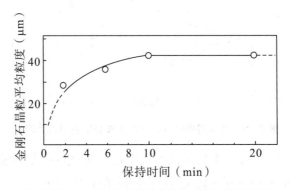

（b）样品中金刚石晶粒平均粒度与保持时间的关系

图 9-9　样品回收金刚石的重量、样品中金刚石晶粒平均粒度与保持时间的关系

注：SiC：$Ni_{70}Mn_{25}Co_5 \approx 1:6$（wt），6.0GPa，1460℃。

　　根据上述样品中回收金刚石质量与出发原料 SiC 的质量比较，当保持时间长达 20min 时，出发原料 SiC 中有 80% 的碳转变成金刚石，其余碳一部分作为石墨析出，另一部分溶解在金属中。实验中未能对生成的石墨进行回收与称量，即使假设碳源中其余 20% 的碳全部溶于金属，其溶解度也仅为 1%，这与在 Ni 中碳的溶解度（3%）相比，有明显下降。因此，在这种以 Ni 为主的合金中所含 Si 浓度越高，碳在其中的溶解度则越低。即溶液中 Si 与 C 的状态和行为是相互影响的。

　　针对这样的问题，李伟[19] 通过一系列实验进行了更详细的研究。将 SiC 与 $Ni_{70}Mn_{25}Co_5$ 合金以 1:5 的重量比组合，在高温高压下烧结一定时间，并在体系中添加不同比例的 Si，添加比例分别为 5wt%、10wt%、15wt%、18wt%、20wt%、30wt%、50wt%。回收样品分析结果表明，随着 Si 浓度增加，C 的析出量越来越少，当 Si 的添加量为 18wt% 或以上时，样品中没有检测到石墨或金刚石。根据这些实验结果，李伟[19] 讨论了金属－Si－C 三元体系的关系，并给出了体系三元相图的概念图。

　　还有一个问题：SiC 分解后，除溶解于体系中的少部分 C，作为单质析出的 C 是直接生成金刚石晶体，还是先形成石墨再转变为金刚石呢？或者相反，是先作为金刚石析出，一部分金刚石再转变为石墨呢？通过对比样品 E2、E3、E4 的 X 射线衍射结果可以了解，图 9－10 为 SiC 和样品 E2、E3、E4 酸处理后的 XRD 图谱。

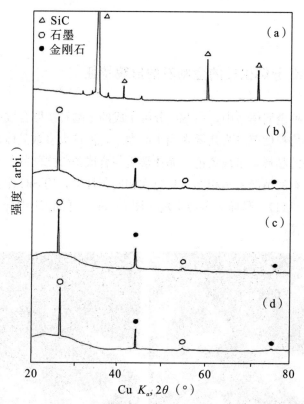

图 9－10　SiC〔(a)〕和样品 E2〔(b)〕、E3〔(c)〕、E4〔(d)〕酸处理后的 XRD 图谱

　　注：SiC：$Ni_{70}Mn_{25}Co_5 \approx 1 : 8$（wt），压力 5.4GPa，烧结温度 1350℃。

　　由图 9－10 可知，在同样条件（5.4GPa、1350℃）下分别保持 2min、4min、6min 的样品中，SiC 衍射峰均消失，而金刚石和石墨的主要衍射峰都清晰地出现，且金刚石衍射峰与石墨衍射峰的相对强度几乎没有随时间而变化的趋势。由此可以推断，在 6min 以前，没有发生金刚石和石墨之间倾向性的转变。根据重量分析推测，6min 之后，体系中的石墨很难再向金刚石转变，尽管已形成的石墨在高温高压下处于亚稳态，但石墨要转变为稳定相（金刚石）需要越过一定的势垒，而溶液中存在的 Si 阻碍了这一过程的发生。总之实验表明，高温高压下体系中的 SiC 分解后，析出的碳原子分别直接形成金刚石和石墨。

9.6 由 SiC 分解生成的金刚石的特性

9.6.1 由 SiC 分解生成的金刚石的形貌特征

在前述几种金属体系中，由 SiC 分解生成的金刚石按照合成条件和保持时间不同，其平均粒度范围为几微米到 100 微米，但绝大多数晶体都显示出清楚的晶面和完好的晶形，呈浅黄色。晶体形貌与合成条件之间的关系与用石墨为原料合成金刚石的情况基本相同。只是在相同条件下，用 SiC 作为碳源合成的金刚石晶体中 {111} 晶面更多地出现。图 9-11 为样品 E1 中合成的金刚石晶体的二次电子像。

图 9-11　样品 E1 中合成的金刚石晶体的二次电子像

注：SiC：$Ni_{70}Mn_{25}Co_5 \approx 1:8$（wt），压力 5.9GPa，温度 1570℃，保持时间 5min。

图 9-12（a）（b）（c）为在 6.0GPa、1460℃下分别保持 2min、4min、

6min 的样品 D3、D4、D5 中合成金刚石晶体的二次电子像，除都具有相对规整的形貌外，也显示出时间在 6min 之前平均粒度有增长的趋势。

(a) D3

(b) D4

(c) D5

图 9−12　样品 D3 [(a)]、D4 [(b)]、D5 [(c)] 中合成的金刚石晶体的二次电子像

　注：SiC：$Ni_{70} Mn_{25} Co_5 \approx 1 ： 6$ （wt），压力 6.0GPa，温度 1460℃，保持时间 2min、4min、6min。

9.6.2　由 SiC 分解生成的金刚石的阴极荧光

高温高压下由 SiC 分解生成的金刚石晶体中是否含有 Si 杂质？这种杂质在晶体中的分布有何特点？这也是一个有趣的问题。

金刚石晶体中杂质与空位等对晶体的光学性质有明显影响，关于金刚石中杂质引起的光心曾有许多报道，过去研究较多的是关于 N、B、Ni 三种杂质与光心的关系，而关于 Si 杂质相关的光心，也有过一些报道。

Vavilov 等[20]首先发现用 CVD（化学气相沉积法）制备的多晶金刚石的阴极荧光谱具有 1.648eV 的谱线，并认为这条谱线可能与 Si 杂质有关，因为它同样在注入 Si 离子的金刚石单晶中被检测到。尽管如此，这种光心也曾被混同于与之靠近的由中性空位引起的 RG1 中心[21,22]。

Collins 等[23]和 Clark 等[24]观察到 CVD 金刚石膜的吸收光谱和光致荧光谱中的 1.681eV 谱线，并根据用 Si 离子注入普通金刚石及热处理等方法得到的结果，认为这一中心含有硅原子。

Clark 和 Kanda 等对高温高压下用掺 Si 的镍钴合金作为溶媒，以石墨为碳源合成的金刚石的吸收光谱和光致荧光谱进行研究，观察到 1.682eV 附近存在 12 个吸收峰的精细结构，每 4 个 1 组，可分为 3 组，其吸收强度正好与硅的 3 种同位素含量比相同，从而证明了 1.682eV 是与 Si 杂质有关的光心[25]。

在这些研究的基础上，作者[26]对高温高压下通过 SiC 分解生成的金刚石进行阴极荧光谱研究。采用平均粒度为 $100\mu m$ 的 3C 型 SiC 作为原料，以 1∶4 的重量比与 $Ni_{70}Mn_{25}Co_5$ 合金叠层组装，在 5.8GPa 和 1420℃下保持 10min，经酸处理后用 TOPCON 制 SX-40A 扫描电子显微镜对回收的金刚石晶体进行观察，并通过阴极荧光测定系统分别在室温和 -164℃下，对晶体进行阴极荧光像观察和阴极荧光谱测定。

合成的金刚石绝大多数晶形完好，为 {111} 面发达的八面体，平均粒度为 $40\mu m$，如图 9-13（a）所示。

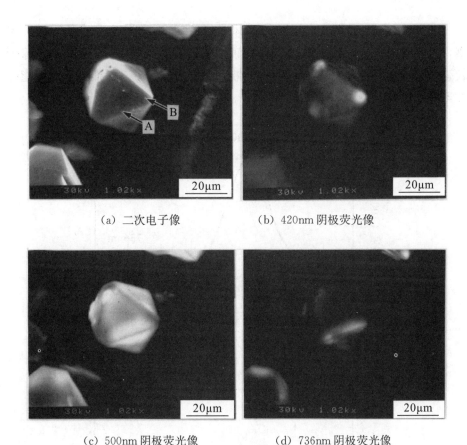

(a) 二次电子像　　　　　　(b) 420nm 阴极荧光像

(c) 500nm 阴极荧光像　　　　(d) 736nm 阴极荧光像

图 9-13　由 SiC+Ni$_{70}$Mn$_{25}$Co$_5$ 合金体系合成的金刚石的二次电子像、

420nm 阴极荧光像、500nm 阴极荧光像、736nm 阴极荧光像

注：SiC∶Ni$_{70}$Mn$_{25}$Co$_5$≈1∶4（wt），压力 5.8GPa，温度 1420℃，保持时间 10min。

由阴极荧光谱可知，这种晶体中具有 4 种光心，分别是两种 A 带、2.56eV（484nm）和 1.68eV（736nm）。其中，两种 A 带的峰值分别出现在 420nm（蓝带）和 500nm，这种 A 带曾被 Dean 在天然与合成的金刚石中观察到[27]，并认为其机制是施主－受主对中发生的电子空穴再复合，但后来对 A 带的观察资料并不完全支持那种模型[28]。

图 9-13（b）（c）分别表示与图 9-13（a）同一视场的 420nm 和 500nm 阴极荧光像。由图可知，蓝带在晶体上分布并不均匀，在 {111} 面的中部发光很弱，而在 {111} 面三角形的端点附近发光较强，与此相反，绿带在 {111} 面中部分布较均匀，在 {111} 面的顶端附近较弱，蓝带和绿带的荧光强度分布有互补趋势。

图 9-14（a）是图 9-13（a）晶体｛111｝面边缘附近 A 点的阴极荧光谱，而图 9-14（b）是晶体｛111｝面顶端附近 B 点的阴极荧光谱。前者绿带较强，后者蓝带较强。根据这两种 A 带显示出的不同分布，推测它们可能存在不同的机制。

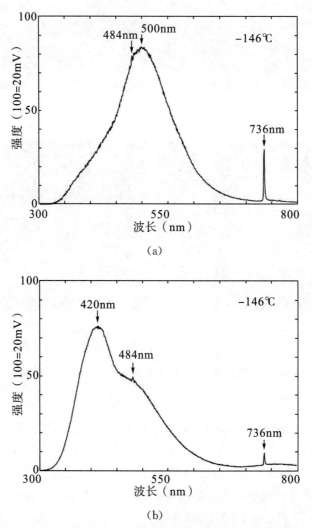

(a)

(b)

图 9-14　由 SiC+Ni$_{70}$Mn$_{25}$Co$_5$体系合成金刚石晶体的阴极荧光谱

注：（a）为图 9-13（a）晶体｛111｝面边缘附近 A 点（-146℃），（b）为晶体｛111｝面顶端附近 B 点（-146℃）。

第三种光心是在 -146℃ 下晶体的阴极荧光谱中观察到的 2.56eV（484nm）及其一组伴线，但这种光心在室温下并没有被观察到。这是曾被

Collins 等[29]报道过的一种与 Ni 杂质有关的光心。

第四种光心为 1.68eV（736nm），呈现为一种尖锐的峰，无论是在−146℃还是室温下都能清楚地观察到。这一结果表明，由 SiC 分解生成的金刚石中的确存在由 Si 引起的光心，从而证明这种合成方法能将 Si 杂质引入金刚石晶体中。

736nm 阴极荧光像表明，这种与 Si 有关的光心在金刚石中的分布很不均匀，同一次实验所得晶体中，有的能观察到，有的却无法观察。同一个晶体上，有的〔111〕面发光，而有的几乎没有。另外，这种光心主要分布在〔111〕晶面边缘附近。

过去的研究表明，与 N、B、Ni 等杂质有关的光心分布都与金刚石晶面有明确的对应关系，而与 Si 杂质有关的光心却显示出不均匀分布，这说明可能有另外的分布规律还未被发现，或存在某种特殊机制。

9.6.3　由 SiC 分解生成的金刚石的抗氧化性

金刚石在常压下处于亚稳态，在大气环境中的热稳定性与其应用范围直接相关。对高纯度天然金刚石单晶各晶面在不同温度下发生石墨化和被氧化的性质已经有了较深入的研究[30]。关于人造金刚石的晶形、包裹物、杂质和缺陷等对晶体热稳定性的影响也有过许多报道[31−35]。

为了探索 Si 杂质对金刚石晶体热稳定性的影响，对由 SiC 分解生成的金刚石进行耐热性研究。实验的出发原料为平均粒度是 $10\mu m$ 的 3C 型 SiC，按 1：6 的重量比与 $Ni_{70}Mn_{25}Co_5$ 合金片交替叠层组装，在 6.2GPa 和 1400℃下保持 4min，回收的样品经酸处理去掉金属和石墨后，再经光学显微镜、X 射线衍射等观察分析，并通过与扫描电镜相连的图像分析系统对所得金刚石晶粒进行粒度分析。最后，使用美国 PE 公司 TGA−7 型热分析仪和北京光学仪器厂 LCT−1 型差热天平对样品进行热重量分析。测量气氛为一个大气压的空气，每次样品质量为 8~10mg，升温速率为 10℃/min。

作为对比，还选用了 6 种不同的人造金刚石微粉和微晶，这些样品都是以石墨为碳源、$Ni_{70}Mn_{25}Co_5$ 合金为溶媒在高温高压下合成的。其中，粒度分别为 $1\sim2.5\mu m$、$7\sim14\mu m$、$20\sim40\mu m$、$80\sim100\mu m$ 四种金刚石微粉是经过破碎和分选得到的；另外两种样品粒度为 $20\sim70\mu m$，是采用不同工艺合成后未经粉碎的微晶。表 9−3 表示几种金刚石微粉和微晶的热重量分析结果。

表 9-3　几种金刚石微粉和微晶的热重量分析结果

样品号	粒度（μm）	起始氧化温度（℃）	完全氧化温度（℃）
1	1～2.5	627	898
2	7～14	724	952
3	20～40	738	965
4	80～100	770	995
5	20～70	806	未定
6	20～70	819	未定

由表 9-3 可知，前四种金刚石微粉显示出起始氧化温度和完全氧化温度都随粒度减小而降低的趋势。其原因可以考虑为金刚石的粒度越小，总体比表面积越大，因破碎而暴露在表面的缺陷和杂质越多，这些都促进了氧化反应的发生和进行，这种趋势在粒度很小时表现得尤为突出。

样品 5 和 6 的粒度范围较宽，与相近粒度范围经过破碎和分选的微粉样品相比，起始氧化温度明显提高。显微镜观察显示，两种未经破碎的样品中，金刚石晶体具有相对完好的晶形和相对平整的晶面，样品 6 的优晶率高于样品 5。可以认为，相对完整的几何形貌使其比表面积远低于同等粒度而经破碎的样品，且暴露在表面的缺陷与杂质也少得多，这些特征都有利于提高样品的抗氧化性能。但这两种样品在 1000℃ 以后的失重变化比较复杂，没有清晰显示出完全氧化温度，估计可能与微晶内部包裹物氧化生成难挥发物质等因素有关。

为了与前述六种样品相比，以 SiC 为碳源合成的金刚石样品编号为 7 号。其中，金刚石晶粒的粒度分布如图 9-15 所示，粒度分布范围为 10～50μm，峰值在 19～22μm，平均粒度为 26μm。

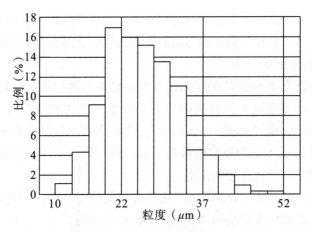

图 9-15　由 SiC 合成的金刚石晶体的粒度分布（样本数 644）

　　图 9-16 给出了样品 7 的热重量分析曲线，其起始氧化温度为 838℃，完全氧化温度为 1101℃。与粒度范围相近的经破碎的微粉样品 3 相比，起始氧化温度提高约 100℃，完全氧化温度提高 100℃以上；与粒度范围较宽的未经破碎的微晶样品 5 和 6 相比，起始氧化温度提高 20～30℃。检测结果充分说明，与用石墨合成的金刚石相比，通过 SiC 分解合成的金刚石的抗氧化性能明显提高。

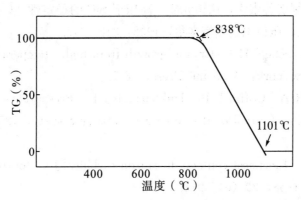

图 9-16　由 SiC 合成的金刚石样品 7 的热重量分析曲线

　　由 SiC 合成的金刚石微晶具有高热稳定性的原因有两个方面的考虑：首先，完好的晶形和平整的晶面比经破碎的微粉表面更加稳定。经电子显微镜观察，样品 7 中的金刚石微晶比其他由石墨合成的晶体具有明显更完好、更规整的形貌。这是由于高温高压下 SiC 分解后，溶液中的 Si 原子在很大程度上降低了碳的输送速率，从一开始就抑制金刚石晶体的生长速率，有利于碳原子依次有序地析出，使晶面发育得更加完好平整，也使其他杂质难以附着在晶面或被包裹在晶体中，这样的效果也与用温度差法生长金刚石大单晶时在溶媒中添加 Si 所得结果是相吻合的[10]。

另外，金刚石中 Si 杂质的存在也可能对提高晶体的抗氧化性起到重要作用。在样品 7 所得金刚石微晶的阴极荧光谱中都清晰地检测出 1.68eV 的光心，表明由 SiC 合成的金刚石晶体中含有 Si 杂质[26]。这种光心的存在表明 Si 原子与 C 原子形成了某种稳定的微观结构，这种微观结构在金刚石晶体表面也可能起到提高抗氧化性能的作用。

总之，由 SiC 合成的金刚石具有相当优越的热稳定性，可望作为一种耐高温的磨料或耐高温的多晶烧结体材料的原料得以应用。

参考文献

[1] 吉田稔，上野昌纪，小野寺昭史，等. 高压下 SiC 的 X 射线衍射 [C] // 熊本：日本第 33 次高压讨论会缩编文集，1992：344−345.

[2] 杉山慎，都贺谷素宏，広田元哉. 高压下 SiC 的稳定性 [C] // 熊本：日本第 33 次高压讨论会缩编文集，1992：346−347.

[3] Elwell D，Scheel H J. Crystal growth from high−temperature solutions [M]. New York：Academic Press，1875.

[4] Alliegro R A，Coffin L B，Tinklepaugh J R. Pressure−sintered silicon carbide [J]. Journal of the American Ceramic Society，1956，39（11）：386−389.

[5] Hall R N. Electrical contacts to silicon carbide [J]. Journal of Applied Physics，1958，29（6）：914.

[6] Hong S M，Akaishi M，Osawa T，et al. Synthesis of fine grained polycrystalline diamond compacts [C] //New Diamond Science and Technology，Materials Research Society International Conference Proceeding，1991：155−160.

[7] Hong S M，Wakatsuki M. Diamond formation from the SiC−Co system under high pressure and high temperature [J]. Journal of Materials Science Letters，1993（12）：283−285.

［8］ Bundy F P，Hall H T，Strong H M，et al. Man－made diamonds ［J］. Nature，1955 (176)：51.

［9］ Wentorf R H. The behavior of some carbonaceous materials at very high pressures and high temperatures ［J］. Journal of Physical Chemistry，1965 (69)：3063.

［10］ Bundy F P，Strong H M，Wentorf R H. Chemistry and physics of carbon ［M］. New York：Marcel Dekker，1973.

［11］ Woermann E. Methods for the synthesis of diamonds ［P］. German：2721644，1978－11－23.

［12］ Wolf E，Oppermann H，Henning H，et al. Methods for producing high-pressure modifications of carbon ［P］. German：DD259147A1，1988－08－17.

［13］ Strong H M，Chrenko R M. Diamond growth rates and physical properties of laboratory-made diamond ［J］. Journal of Physical Chemistry，1971，75 (12)：1838－1843.

［14］ 市濑多章，若槻雅男，青木寿男. 新型斜面驱动式六面顶压砧装置 ［J］. 压力技术（日），1975，13 (5)：244－253.

［15］ Hong S M，Li W，Jia X，et al. Diamond formation from a system of SiC and a metal ［J］. Diamond and Related Materials，1993 (2)：508－511.

［16］ Gou L，Hong S M，Gou Q Q. Investigation of the process of diamond formation from SiC under high pressure and high temperature ［J］. Journal of Materials Science，1995 (30)：5687－5690.

［17］ Akella J，Kennedy G C. Melting of gold，silver，and copper—proposal for a new high－pressure calibration scale ［J］. Journal of Geophysical Research，1971 (76)：4969－4977.

［18］ Lees J，Williamson B H J. Combined very high pressure/high temperature calibration of the tetrahedral anvil apparatus，fusion curves of zinc，aluminium，germanium and silicon to 60 kilobars ［J］. Nature，1965 (208)：278－279.

［19］ 李伟. 关于高温高压下金刚石单晶生长过程及金刚石与 cBN 新的生成反应的研究 ［D］. 筑波：筑波大学，1995.

［20］ Vavrlov V S，Gippis A A，Zaitsev A M，et al. Investigation of the cathodoluminescence of epitaxial diamond films [J]. Soviet Physics Semiconductors, 1980 (14): 1078—1079.

[21] Robins L H, Cook E N, Farabanugh E N, et al. Cathodoluminescence of defects in diamond films and particles grown by tot－filament chemical－vapor deposition [J]. Physical Review B, 1989 (39): 13367—13377.

[22] Freitas J A, Butler J F, Strom U. Photoluminescence studies of polycrystalline diamond films [J]. Journal of Materials Research, 1990 (5): 2502—2506.

[23] Collins A T, Kamo M, Sato Y. A spectroscopic study of optical centers in diamond grown by microwave-assisted chemical vapor deposition [J]. Journal of Materials Research, 1990 (5): 5207—5214.

[24] Clark C D, Dickerson C B, The 1.681eV center in polycrystalline diamond [J]. Surface and Coatings Technology, 1991 (47): 336—343.

[25] Clark C D, Kanda H, Kiflawi I, et al. Silicon defects in diamond [J]. Physical Review B, 1995 (51): 16681.

[26] Hong S M, Kanda H, Gou L. Cathodoluminescence of diamond synthesized from SiC [J]. Chinese Science Bulletin, 1996, 41 (3): 208—212.

[27] Dean P J. Bound excitons and donor-acceptor pairs in natural and synthetic diamond [J]. Physical Review A, 1965 (139): 588.

[28] Burns R C, Cvetkovic V, Dodge C N. Growth－sector dependence of optical features in large synthetic diamond [J]. Journal of Crystal Growth, 1990 (104): 257—279.

[29] Collins A T, Spear P M. The 1.40eV and 2.56eV centers in synthetic diamond [J]. Journal of Physics C, 1983 (16): 963.

[30] Evans T. The Properties of Diamond [M]. New York: Academic Press, 1979.

[31] 卢照田. 人造含硅金刚石 [J]. 人工晶体, 1984, 13 (2): 152—155.

[32] Novikov N V. Fizicheskie, Svoistva almaza [M]. Kyiv: Naukova Dumka, 1987.

[33] 铃木数夫. 金刚石工具 [M]. 东京: 日经技术图书社, 1987.

[34] 傅凤理, 戚晓红. 人造金刚石热性能分析 [J]. 磨料磨具与磨削, 1994 (3):

10—13.

[35] 李享德，刘全贤，张弘韬，等. 人造金刚石热稳定性研究 [J]. 磨料磨具与磨削，1995 (3)：2—6.

[36] Kanda H. Dendritic pattern free surfaces of a synthetic diamond [J]. The Review of High Pressure Science and Technology，1994，3 (1)：18.

后　记

　　本书中的实验大部分是洪时明在四川大学工作（包括在日本访学）期间完成的。王红艳从理论的角度对实验原理、过程与结果及其讨论等做了仔细推敲和校核，还负责承担了出版过程中经费管理等工作。罗建太在相关实验中做了大量具体工作，是本书所述在国内开展研究工作的主要参与者。

　　书中采用的电子显微镜照片，大多数是由电镜附设的老式相机拍摄，再将胶卷在暗室中冲洗显像得出。在本次出版中，原片均被扫描转换为电子照片，为了严格保留原片的真实性，所有照片均未做任何图像修改处理，仅对其中标记及图号等在保持含义不变的前提下有所加工，使之更加清晰和统一。

　　该领域的进展日新月异，已涉及更多的高新技术和应用背景，但我们相信，本书所探索的实验规律始终是实际工作中需要面对的。只愿人们在制备及使用这类超硬材料的过程中，能保持对大自然的敬畏和珍爱，使这方面的研究为人类带来真正的益处。

作　者

2023 年 5 月 9 日